【文學珍藏】

唐詩鳥類圖鑑

韓學宏　著／楊東峰　攝影

【詩、鳥、緣

　　從小在熱帶叢林中成長，對於繽紛的熱帶鳥類早已習以為常，因此對於特地去賞鳥一直提不起興趣。

　　直到上了研究所，在同學力邀之下，隨著野鳥學會的義工到烏來賞鳥，透過單筒望遠鏡的放大與特寫，我才發現對於從小慣常所見的鳥兒，竟然只是一知半解。鏡頭裡的生物帶著我從未領略過的震撼之美進入我的眼睛，然後以一種神聖不可侵犯的姿態永遠停駐在我的心口、我的腦海。此後，我真的死心塌地愛上了賞鳥，可以從晚睡晏起的習慣，變成聞雞起舞的祖逖；可以在烈日當頭，遮不蔽體的樹蔭下待上一整個下午；可以在多雲的午後在田間一動不動地守株待兔，屏息等著鵪鶉與赤腹鶇從身邊漫步而過。在幾近瘋狂的賞鳥日子，衣帶漸寬，連作夢都能與鳥兒閒話家常。為了能更貼近牠們，我開始著手搜集與鳥類相關的資料。

　　第一次下筆抒寫自己觀察野鳥的心得，是從〈鳥行散記〉的雜文開始，後來陸續發表的〈一行白鷺上青天〉、〈雁兒的淒美愛情故事〉、〈鷗盟無機〉，以及後來的〈漢詩中的杜鵑〉、〈全唐詩中的鸚鵡〉等，則是將學術研究與鳥類文學相結合，也算是《唐詩鳥類圖鑑》的試金石。

　　在機緣巧合之下，拜讀《唐詩植物圖鑑》等系列作品，不禁怦然心動，於是在與貓頭鷹出版社總編輯謝宜英小姐溝通後，決定將長久蟄留在心中的構想付諸實現。幾經輾轉，邀得鳥類生態攝影專家楊東峰先生提供照片，為書增色；另蒙台大森林系副教授袁孝維老師熱心協助，確保鳥類專業知識之正確無誤，使本書得以順利完成。

　　《唐詩鳥類圖鑑》從構思到動筆，最艱難的部分是取捨問題，例如出自神話傳說的精衛與鳳凰要不要收錄？鵲巢鳩占、鳩化為鷹等現象要不要另闢專章釋疑？這些有趣的問題，深入研究者向來不多，我竭盡所知一一提出合理解釋，不過有些見解未必能完全解釋所有相關現象，也因此歡迎讀者提出批評與指教。

　　最後，在本書出版前夕，還要感謝父母與內人在筆者沉溺於賞鳥時，能義無反顧地支持，也要感謝一路上默默付出的師長與親友。

目次

註：前爲鳥類古名，括號內爲今名。

作者序·2

緒論·4

春眠不覺曉，處處聞啼鳥　4
言志與詠情──鳥類在唐詩中的象徵意義　6
唐詩中的鳥種統計與鳥禽文化　8

如何使用本書·10

【春眠不覺曉，處處聞啼鳥

從小，我們便在《唐詩三百首》的薰陶下長大，許多詩我們都能琅琅上口，但對於處處可聽到的鳥鳴聲，卻多數不明所指。

清朝學者編纂的近五萬首《全唐詩》中與「鳥」相關的詩作有三千五十多首，如果再涵括「禽」、「羽」、「翼」及各種鳥種專稱的詩篇，全部共有六千首以上，幾占所有詩篇的十分之一，由此可見唐朝詩人以鳥入詩的風氣之盛。因此，想要深入欣賞唐詩的意韻、瞭解詩人背後眞正的取譬隱喻之意，就不可不精確探求唐詩中各種鳥類的眞正身分及象徵意義。

抒情與詠物

「青鳥殷勤」是爲誰探看？哀哀杜鵑爲何啼血？黃鶯爲何要出谷遷喬？銜石塡海的精衛是何方神聖？嬌滴滴的「插羽佳人」又是哪種鳥兒？「鵲噪而喜，鴉噪而凶」眞有其事？鷓鴣啼聲爲何斷人腸？如果能夠瞭解鳥類在詩中所扮演的角色，就可以多體察幾分詩人幽微曲折的心事。

詩人除了以鳥類來寄情抒懷之外，唐詩中也不乏純粹詠物及敘景的作品，詩人所著墨的當然是鳥類的各種姿態美感，如描寫擁有一身華麗羽衣的鴛鴦幾乎都著重成雙入對的一幕，包括杜甫〈齊安郡後池絕句〉「鴛鴦對浴紅衣」、李白〈長干行〉「鴛鴦綠蒲上」、杜甫〈絕句〉「沙暖睡鴛鴦」等。詠頌孔雀時，當然少不了雄孔雀麗絕倫的尾羽，如顧況〈龍山歌〉「孔雀尾毛張蓋」、杜甫〈至日遣興奉寄北省舊閣老兩院故人〉「孔雀徐開扇影還」。

此外，還有刻畫各種鳥睡姿的詩作，如溫憲〈春帖〉「散睡桑條暖」的鳩鳥、李商隱〈題鵝〉「眠沙臥水自成群」的白鵝、溫庭筠〈

池水戰詞〉「綠頭江鴨眠草」的綠頭鴨，都別具美。杜甫〈絕句〉「一行白上青天」、齊己〈湖上逸〉「瀲灩光中翡翠飛」、陸蒙〈北渡〉「輕舟過去眞畫，驚起鸕鶿一陣斜」以顧非熊〈雁〉「逐暖來南，迎寒背朔雲。下時波勢，起處陣形分。」則在詩展現了各種不同鳥類的飛之美。

鳴聲啾啾各有千秋

類的鳴叫聲音同樣各有特，在詩人耳中聽來有的悅動聽，頗具抑揚頓挫的音之美，如韋應物〈滁州西〉「上有黃鸝深樹鳴」、皇冉〈春思〉「鶯啼燕語報年」及韓偓〈秋深閑興〉青來喜鵲無窮語」，在在寫了鳥類鳴聲靈動美妙之。而王維〈送梓州李使〉「萬壑樹參天，千山響鵑」描寫的是隱身在樹梢處的杜鵑鳥以哀怨動人的調，聲聲喚叫著「不如歸」。觸動詩人敏感心弦的鳴聲還有伯勞、雁、鸕

鶿，如陸龜蒙〈和襲美館娃宮懷古〉「伯勞應是精靈使，猶向殘陽泣暮春」、李頎〈古從軍行〉「胡雁哀鳴夜夜飛」、羅鄴〈放鸕鶿〉「花時遷客傷離別，莫向相思樹上啼」等。

一種鳥類多樣情

不同詩人對於同一種鳥類，著墨的角度也會有所差異，這正是詩歌內涵豐富的原因。一樣是白鷺鷥，杜牧〈鷺鷥〉「驚飛遠映碧山去，一樹梨花落晚風」、王維〈積雨輞川莊作〉「漠漠水田飛白鷺」及杜甫〈絕句〉「一行白鷺上青天」，所著眼的都是飛舞中的白鷺鷥所呈現出來的恬靜氛圍；不過，劉長卿觀察的心得顯然不同，〈白鷺〉描寫的是「亭亭常獨立，川上時延頸」的畫面，這正是詩人自身思圖藉勢高飛的寫照；顧況〈白鷺汀〉「夜起沙月中，思量捕魚策」及來鵠〈鷺鷥〉「若使見魚無羨意，向人姿態更應閑」，描寫的是捕魚中的夜鷺。

唐詩賞析的新嘗試

賞鳥風氣日益普遍，鳥類的知識傳播也比以前更爲方便快速，不過古典文學與現代鳥類學之間卻始終存在著一道鴻溝。跨越其實不難，孔子說過讀《詩經》可以多識鳥獸草木之名，我們願藉本書提供讀者一個瞭解鳥類生態習性、文化意涵的管道，以及另一種唐詩賞析的方式，以引發讀者閱讀的動力及興趣。

【言志與詠情——鳥類在唐詩中的象徵意義

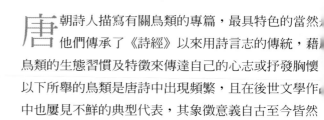

唐朝詩人描寫有關鳥類的專篇，最具特色的當然⋯⋯他們傳承了《詩經》以來用詩言志的傳統，藉⋯⋯鳥類的生態習慣及特徵來傳達自己的心志或抒發胸懷⋯⋯以下所舉的鳥類是唐詩中出現頻繁，且在後世文學作⋯⋯中也屢見不鮮的典型代表，其象徵意義自古至今皆然⋯⋯

知心海上鷗

隨波逐浪、看似逍遙的海鷗，一直是浪漫多感的詩人所欽羨及寄情的對象。杜甫〈旅夜書懷〉以「飄飄何所似，天地一沙鷗」來感歎自己的身世飄零，無奈之情溢於言表；卻也能以超脫平靜的心情來欣賞「舍南舍北皆春水，但見群鷗日日來」的悠閒景致。海鷗自古以來就有「忘機鳥」的雅號，鷗鳥忘機的象徵意義，詩人著墨頗多，如白居易〈贈沙鷗〉的「沙鷗不知我」、賈島〈岐下送友人歸襄陽〉的「知心海上鷗」，都是承襲此一傳統。詩人寄情於詩作以忘卻人世間的不如意，也藉由攀交翱翔於海上的鷗鳥來凸顯自己的淡泊名利，「鷗盟」（與鷗鳥結盟）就成了文人士子短暫逃離殘酷現實世界的一個寄託。

偷解人言語

鸚鵡由於能言色美而受囚為籠中鳥，詩人多用此種兒來寄寓有志難伸或描寫怨。例如以受困籠中的鸚鵡來暗藏能者多勞以及多才忌的寓意，如劉禹錫〈和天鸚鵡〉「誰遣聰明好色，事須安置入深籠」、夷直〈鸚鵡〉「如今漫學言巧，解語終須累爾身」以鸚鵡描寫宮怨的則有花夫人〈宮詞〉「碧窗盡日鸚鵡，念得君王數首詩」張祜〈鸚鵡〉「無事能語，人聞怨恨深」、長孫輔〈古宮怨〉「院深獨開獨閉，鸚鵡驚飛苔覆地」李廓〈長安少年行〉「小教鸚鵡，頭邊喚醉醒」等

此外，由於鸚鵡巧言

，也有不少詩人視之為小
的化身，如杜牧〈鸚鵡〉
不念三緘事，世途皆爾曹」
子蘭〈鸚鵡〉「近來偷解
言語，亂向金籠說是非」
作品。

同樣是善效人言的吉了鳥
（官鳥），在李白〈自代內
〉「安得秦吉了，為人道
心」中則藉以傳達對於妻
的思念。

鄉愁與傷春

詩中代表思鄉愁緒的鳥類
推鷓鴣。由於鷓鴣為中國
方特有的鳥類，因此離鄉
井的南方人最怕聽到鷓鴣
聲，如鄭谷〈席上貽歌者〉
座中亦有江南客，莫向春
唱鷓鴣」、李涉〈鷓鴣詞〉
誰有鷓鴣啼，獨傷行客
」、「鷓鴣啼別處，相對
霑衣」等。

除了鷓鴣之外，杜鵑也是
愁及離情的象徵。顧況
憶故園〉「惆悵多山人復
，杜鵑啼處淚霑衣。故園
去千餘里，春夢猶能夜夜
。」白居易〈江上送客〉
杜鵑聲似哭，湘竹斑如

血。共是多感人，仍為此中
別。」及無名氏〈雜詩〉
「等是有家歸未得，杜鵑休
向耳邊啼」等，都是代表詩
作。此外，由於杜鵑出現多
在暮春三月，正是一年好景
將逝之際，因此也有詩人將
杜鵑啼聲看成是催促著春光
離開，而有青春不復返之
歎，如杜牧〈惜春〉因「繁
豔歸何處，滿山啼杜鵑」而
有「無計延春日，何能駐少
年」的感慨。

述志與明心

高飛遠域的鴻鵠，詩人常借
喻為壯志凌霄，如錢起〈南
中春意〉「惜無鴻鵠翅，安
得凌蒼昊」、李紳〈皋橋〉
「鴻鵠羽毛終有志」及皎然
〈送穆寂赴舉〉「冥冥鴻鵠
姿，數尺看蒼旻」。斲木丁
丁的啄木鳥，被引喻為替民
除弊的循吏，如白居易〈寓
意詩〉「豈無啄木鳥，觜長
將何為」。鷦鷯築巢於小枝
上，因此詩人以「鷦鷯一枝」
自喻知足，如杜甫〈宿府〉
「已忍伶俜十年事，強移棲
息一枝安」及白居易〈我身〉

「窮則為鷦鷯，一枝足自
容」。出谷遷喬的黃鶯則有
預祝他人升官、中舉或賀人
遷居新屋的含意，如李商隱
〈喜舍弟羲叟及第〉「朝滿遷
鶯侶，門多吐鳳才」便是恭
賀他人及第的詩篇；〈鶯出
谷〉甚至還成為唐朝科舉的
考題。

【唐詩中的鳥種統計與鳥禽文化

清朝學者所編的九百卷《全唐詩》中，一共收錄兩千多位詩人的作品，計四萬八千九百多首詩其中與「鳥」相關的作品約占有十分之一。

鳳凰篇數居冠

依照鳥種區分，唐詩中有二千零五十三句提到具有神話色彩的鳳凰，篇數居冠，如果再加上七百多句的鸞鳥，數量更為可觀。由此可見，鸞鳳這種代表君子德性以及帝王象徵的神鳥，在詩人心目中的崇高地位無可匹敵。其他具有神異色彩的鳥兒，數量都遠不及鳳凰，例如起源較晚的青鳥只有六十三句詩提及；富有道家神仙色彩的鶴有百餘首；精衛十一句詩；有妖火之鳥一稱的火鳥只有兩句。

　　描寫篇數居次的是雁，自先秦時代就被廣泛應用在禮儀中的雁，約有近兩千首詩述及，其中多數是描寫節候變化的作品。雁是古人最熟知的秋日候鳥，體型頗大，族群多，鳴聲響亮，雁陣浩蕩，行動自然引人側目。其次是燕子，約有一千六百五十多句詩提及，這種春日鳥是春天來臨的象徵。古常憑藉候鳥的南來北返，為判斷春秋節序變化的指標，詩人也多藉著候鳥來達秋思、秋怨或惜春之情

鶯聲嬌囀鴟鴉哭

「鶯」一共有一千零六十句，這類小型鳥兒大多為鳥，一年四季都可以在住附近看到，這正是其詩篇少的原因。鶯鳥鳴聲或紐纏綿或婉轉動聽，有些鶯色亮麗，個子小巧可愛，人常將具有上述特徵的不名小鳥都泛稱為鶯，其中括有名的隔葉黃鸝、出谷喬的黃鶯，以及形成千里啼「流鶯」現象的鳥兒。

　　有鬼鳥之稱的貓頭鷹，人視之為凶兆，唐詩中的稱有鴟、鴞、梟、鵬及鵂等，一共有一百六十多句而我們現今認為不吉祥的

也有一千零三十一句詩提
⋯，可見詩人對於烏鴉這種
⋯色烏黑、鳴聲暗啞的鳥
⋯，並不如我們想像中的厭
⋯與忌諱。原因是唐人將某
⋯烏鴉視為神鳥及孝鳥，也
⋯北方「喜鴉惡鵲」的傳統
⋯念有關。提及喜鵲的詩句
⋯有三百三十多首。不過，
⋯詩中描寫喜鵲鳴叫，已與
⋯蛛結網、銀燈結蕊一樣，
⋯視為吉祥的兆頭。

生活中普遍可見的鳥類

⋯活中兼具報時與供食雙重
⋯能的家雞，唐詩中有一千
⋯五十句提及，而野雉類則
⋯有一百九十五句；寄寓思
⋯情懷的鷓鴣有一百二十二
⋯，體型最小的鶉鷚則有廿
⋯句。至於生活周遭常見、
⋯竊食穀物且鳴聲嘈雜、羽
⋯較不明亮的小型鳥則泛稱
⋯雀鳥，不過少數詩篇是指
⋯雀、青雀、黃雀、山雀等
⋯色較美的鳥類。同樣在住
⋯庭院遊蕩的鳩鴿約有一百
⋯十句詩。

　　深富文學象徵意涵的鳥
⋯，如喻指愛情的鴛鴦有六

百三十五句詩提及；產自南
方，俗稱紫鴛鴦的鸂鶒也有
五十五句；喻指忘機的鷗鳥
約有四百五十句詩；與白鷗
時常一起出現的白鷺鷥，也
有四百四十三句詩述及。

猛禽類

鳥類當中位居食物鏈最上層
的猛禽類，由於是凶猛的大
型鳥類，因此也常吸引詩人
注意。唐詩中有二百八十八
句詩提及鷹，一百零六句提
到隼，八十句提及鵰，十六
句提及鷲，鶚則有五十八
句。這類猛禽在詩中的評價
兩極，有的用以形容軍事的
威武壯盛，有的則用以喻指
志向高遠，當然更有以鷹隼
來影射剷除忠良的野心家或
當權者。其中傳說具有毒羽
的鴆鳥只有五句詩提及。

水鳥類

在秋候鳥中，比雁體型小的
野鴨「鳧」有二百一十三句
提及，家鵝則有一百一十五
句，綠頭野鴨有九十二句。
鴻鵠一類的鳥兒則有一百五
十二句提及，多用以表示志

向遠大。水鳥當中，詠鸕鷀
者有廿九句，寫鷺鷈者有十
六句，寫鵜鶘者有六句。

鳥鳴及鳥種

詩人除了以鳥類的形體及生
態習性入詩之外，提到鳥類
鳴喚之聲者約有兩千首詩，
提到鳥啼者也有一千三百多
句。可見鳥類除了羽色吸引
詩人注意之外，鳴聲也能讓
詩人側耳聆聽。一般多以
「雀喧」、「鶯語」來概括形
容聒噪的鳥群鳴聲，使詩篇
形成動靜對比；或者如王維
「鳥鳴山更幽」使用反襯法
來強調。以鳥類聲音為主題
的詩作中，又以善效人言且
色彩鮮豔的鸚鵡最為常見，
有近二百句詠及，而啼鳴
「不如歸去」的杜鵑則約有
百餘首。

　　許多詩篇中詩人已能明確
指出鳥名，例如鶺鴒、鶬
鶊、啄木及戴勝等數十種鳥
種專稱。可見在吟詠詩篇
時，詩人已能由禽鳥的泛稱
進步到分辨出許多鳥種了。

【如何使用本書

歷代唐詩的選本很多，唐朝流傳下來的選本就有十多種，如令狐楚的《御覽詩》、韋縠的《才調集》；宋代有名的選本有王安石選輯的《唐百家詩選》、計有功的《唐詩記事》；明代李攀龍的《唐詩選》等。其中最膾炙人口、流傳最廣的是清朝蘅塘退士（本名孫洙）選輯的《唐詩三百首》，全書共選出唐詩佳作三百一十首，包括杜甫、李白、王維、

白居易、李商隱、韋應物、張九齡、孟浩然等七十七位詩人的作品。

本書選詩即以蘅塘退士選輯的《唐詩三百首》為依據，再收錄《千家詩》、《全唐詩》中比較簡單易懂、且較為人所熟知的詩篇為輔。體裁上，則以絕句為主，律詩、古詩次之，並摘錄遺珠名句，方便讀者延伸閱讀及相互參照。總計孫洙選輯的《唐詩三百首》共有上百首詩明確提到鳥

主題鳥類特寫

標題
標題均採用唐詩所錄古名，今名則列於標題右下方。同一鳥類稱法若有不同者，則以「古又名」方式另外標出其他名稱。

唐詩選錄
選錄的詩作原則上以《唐詩三百首》為主，如果《唐詩三百首》沒有提及該種鳥類，再從《千家詩》、《全唐詩》選錄補上。少數文長不及備載者節錄之。

註解
凡文意艱澀、歷史典故或難字均加註釋及標音，方便讀者閱讀。各單字之標音，採用「漢字直音」（同音異字）方式，用以標音之單字均無一字多音的情形。

另見
其他詩篇亦見主題鳥類者均列於此，並節錄相關詩句、圈選該種鳥名，以便讀者參閱。

【鴛鴦

古又名：匹鳥
今名：鴛鴦

梧桐，相待老，鴛鴦會雙死。
貞婦貴殉夫，捨生亦如此。
波瀾誓不起，妾心古井水。

——孟郊〈烈女操〉

【註解】1.梧桐：相傳梧為雄樹，桐為雌樹，為製琴瑟之材料。
【另見】杜甫〈佳人〉：合昏尚知時，鴛鴦不獨宿。
　　　　白居易〈長恨歌〉：鴛鴦瓦冷霜華重，翡翠衾寒誰與共？
　　　　李白〈長相思〉：趙瑟初停鳳凰柱，蜀琴欲奏鴛鴦絃。
　　　　羅鄴〈鴛鴦〉：一種情多易字好，直緣人眾到離來。
　　　　李德裕〈鴛鴦篇〉：君不見昔時同心人，化作鴛鴦鳥。

，例如鴛鴦、白鷺、杜鵑、鸞鳳、鷥、海鷗、鸚鵡、鶴、雁、鴉、黃鸝、鳩、雞、雀、鶯等，其中以描寫雁鴨的篇數最多，共有三十篇。

本書在編排上，每種唐詩鳥類都以跨頁幅介紹，並分為三大部分：唐詩引文、類小檔案與說明主文（參見下面樣）。選錄唐詩均力求完整，並將該種鳥出現的其他詩篇摘錄羅列於「另見」之

下。鳥類小檔案以介紹各主題鳥類的形態、習性、覓食、築巢行為等為主軸。第三部分的說明主文則深入介紹引詩之主題鳥類的特性、在文學中的象徵意義，並引述其他典籍的相關資料互為佐證。

除書前的目次外，書末另附有鳥類學名索引及中文索引，以方便讀者迅速檢索。

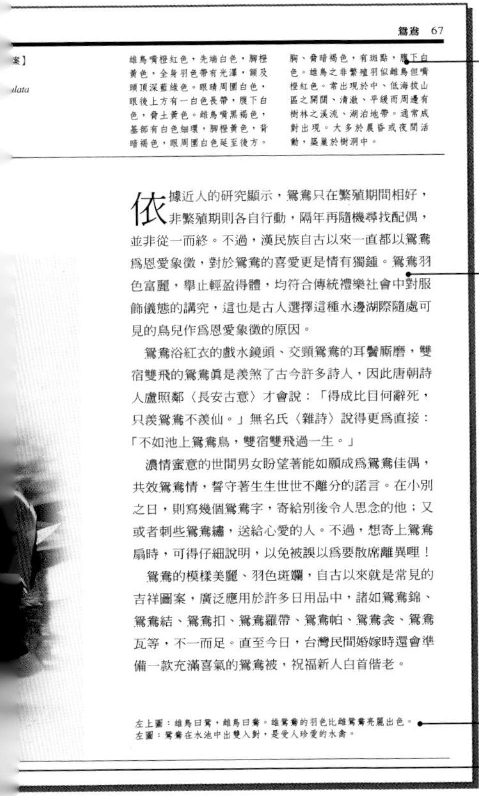

鴛鴦　67

案】
data

雄鳥嘴橙紅色，先端白色，腳橙黃色，全身羽色帶有光澤，頭及頭頂深藍綠色。眼線周圍白色，眼後上方有一白色長帶，腹下白色，脅上黃色，翅膀褐色，趾爪橙褐色，基部白色偏暗，腳橙黃色，脅暗褐色，眼周圍白色延至後方。

胸、脅暗褐色，有斑點。雌鳥白色，雄鳥之華麗羽冠無，但嘴橙紅色。常出現於中、低海拔山區之開闊、清澈、平緩而周邊有樹林之溪流、湖泊地帶。過冬成對出現。大多於晨昏或夜間活動，築巢於樹洞中。

依據近人的研究顯示，鴛鴦只在繁殖期間相好，非繁殖期則各自行動，隔年再隨機尋找配偶，並非從一而終。不過，漢民族自古以來一直都以鴛鴦為恩愛象徵，對於鴛鴦的喜愛更是情有獨鍾。鴛鴦羽色富麗，舉止輕盈得體，均符合傳統禮教社會中對服飾儀態的講究，這也是古人選擇這種水邊湖際隨處可見的鴛鴦兒作為恩愛象徵的原因。

鴛鴦浴紅衣的戲水鏡頭、交頸覆背的耳鬢廝磨，雙宿雙飛的鴛鴦真是羨煞了古今許多詩人，因此唐詩人盧照鄰〈長安古意〉才會說：「得成比目何辭死，只羨鴛鴦不羨仙。」無名氏〈雜詩〉說得更為直接：「不如池上鴛鴦鳥，雙宿雙飛過一生。」

濃情蜜意的世間男女盼望著能如願成為鴛鴦佳偶，共效鴛鴦情，誓守著生生世世不離分的諾言。在小別之日，則寫幾個鴛鴦字，寄給別後令人思念的他；又或者剌些鴛鴦繡，送給心愛的人。不過，想寄上鴛鴦扇骨，可得仔細說明呀，以免被誤以為要散席離異哩！

鴛鴦的模樣美麗、羽色斑斕，自古以來就是常見的吉祥圖案，廣泛應用於許多日用品中，諸如鴛鴦錦、鴛鴦結、鴛鴦扣、鴛鴦羅帶、鴛鴦帕、鴛鴦衾、鴛鴦瓦等，不一而足。直至今日，台灣民間婚嫁時還會準備一款充滿喜氣的鴛鴦被，祝福新人白首偕老。

左上圖：雄鳥日夜，雄鳥日夜。雄鴛鴦的羽色比雌鴛鴦亮麗出色。
左圖：鴛鴦在水池中出雙入對，是受人珍愛的水禽。

■ 鳥類小檔案
詳附該鳥種的學名、科別，並深入介紹其形態特徵、習性、棲息地及覓食或築巢習慣。本書鳥種分類根據 James F. Clements 所著之 *Birds of the World-A checklist*。

■ 說明主文
闡述主題鳥類的特色、傳說、典故以及在文學上的象徵意義，並旁徵其他典籍或研究資料以為佐證。

■ 圖說
插圖均有說明，或取同一鳥種的不同姿態，或取同科異屬的圖片以為對照，使說明主文更為清楚明白。

■ 主圖
精心選用的主圖均為鳥類小檔案選介的鳥種，讀者可以圖文對照，增進瞭解。

【孔雀

古又名：越鳥、南客、
　　　　摩由邏、都護等

今名：孔雀

孔雀東飛何處棲，廬江小吏仲卿妻₁。

為客裁縫君自見，城烏獨宿夜空啼₂。

――――李白〈廬江主人婦〉

【註解】1.孔雀廬江句：古樂府〈孔雀東南飛〉序云：「漢末廬江小吏焦
　　　　仲卿妻劉氏（蘭芝），為仲卿母所遣，自誓不嫁。其家逼之，乃
　　　　投水而死。仲卿聞之，亦自縊於庭樹。時人傷之而為此辭。」
　　　　2.城烏句：張華《禽經注》云：「烏之失雌雄則夜啼。」

【另見】杜甫〈麗人行〉：繡羅衣裳照暮春，蹙金孔雀銀麒麟。
　　　　溫庭筠〈偶題〉：孔雀眠高閣，櫻桃拂短簷。
　　　　李商隱〈鸞鳳〉：金錢饒孔雀，錦段落山雞。
　　　　張祜〈感王將軍柘枝妓歿〉：鴛鴦鈿帶拋何處，孔雀羅衫付阿誰。
　　　　顧況〈曲龍山歌〉：鳳皇頰骨流珠佩，孔雀尾毛張翠蓋。

【類小檔案】

孔雀

o muticus

科

本科全世界155種，台灣7種，大陸59種。鷳屬有48種，此處專指綠孔雀而言，雄鳥身長約213公分，雌鳥為85公分。雄鳥羽色大致為翠藍綠色，具金屬光澤，頭頂有一翠綠色冠羽，約150根尾上覆羽，由紫、藍、黃、紅等多種顏色構成眼狀斑。雄鳥求偶時開屏成扇形，同時振動翅膀，引來一群雌鳥相交配，然後雌鳥各自營巢繁殖，多在近溪流處的密林空地活動。雌鳥羽色較不鮮豔，喉白色且無尾屏。本種分布於雲南、西藏，為稀有留鳥。

雄孔雀的尾羽夏天會脫毛，至春復生。顏色或紅或黃，有如雲霞般變化萬千，並有五色金翠的圓形紋路相繞如錢形成眼狀斑。《酉陽雜俎》將長約一寸的眼狀斑稱為「珠毛」，其珍貴不言可喻。唐時為了能順利豢養從南方萬里以外求得的孔雀，還特別開池引水，即王建〈傷韋令孔雀詞〉所云：「可憐孔雀初得時，美人為爾別開池。」

早在周成王時，南方即常呈獻孔雀羽毛，魏文帝時更以上萬枚孔雀尾羽製成車蓋。唐《太平廣記》記載，在交趾（今越南北部）人人養孔雀，或用來充口腹，其味一如鵝雁雞鴨，或製成肉乾以饋親友。傳說孔雀肉能解百毒，所以俗稱「孔雀辟惡」。

南方人常捕捉孔雀幼雛來馴養，訓練有素者，只要拍其尾，就會翩翩起舞。至於捕捉方式，則是將已馴養的孔雀綁在野孔雀出沒的山野間，誘引同伴飛近，再牽網掩捕。雄孔雀的金翠毛可作為飾物，據傳從孔雀身上活生生截取下的尾羽，金翠之色永不消褪。

古人視孔雀為善妒的鳥類，因為經過馴養後的孔雀，遇到婦人或童子著彩服而過，還是會從後追啄。其實，這只是鳥類求偶期的排他性表現而已。孔雀棲息於高山喬木之上，獵人難以捕獵，只能利用連日陰雨的天氣來擒捕，因為雨後孔雀的尾羽因濕重而難以高飛，因此而有「孔雀愛羽卻自累其身」的說法。

左上圖：雄孔雀的羽色華麗，向為詩人所喜愛，特別鑿池開院豢養。
左圖：孔雀有迷人的長尾羽，卻也因翠羽可供裝飾而遭到獵捕。

【火鳥

古又名：赤鳥
今名：紅嘴黑鵯

南方火鳥赤潑血，項長尾短飛跋剌$_1$，頭戴井冠高遠卉$_2$。

月蝕烏宮十三度$_3$，鳥為居停主人$_4$不覺察。

貪向何人家，行赤口毒舌。

毒蟲$_5$頭上喫卻月。

　　　　　　──節錄盧仝〈月蝕詩〉

【註解】1. 跋剌：象聲詞，鳥飛魚躍之聲。
　　　　2. 卉：音聳，樹木砍伐後留下的根株。此處與
　　　　　　井冠同指火鳥之冠羽而言。
　　　　3. 烏宮十三度：每年日月沿黃道運行時會合十
　　　　　　二次，而分360度為十二段，每段30度，故
　　　　　　稱十二宮，其一為烏宮。
　　　　4. 居停主人：指發生月蝕時正好輪值到烏宮。
　　　　5. 毒蟲：指蛤蟆。

【另見】韓愈〈月蝕詩效玉川子作〉：赤鳥司南方，尾禿翅鰭沙。

【鳥類小檔案】
黃黑鵯
nsipetes madagascariensis
科

本科全世界130種，台灣6種，大陸20種。主要分布於非洲、東南亞地區。紅嘴黑鵯的嘴先端略下彎，嘴、腳均鮮紅色，翼短，尾略長。從頭至頸、背全身都是黑色且具有光澤，翼側及尾羽為淡灰色，下腹灰黑色。常發出喵喵之聲，主要棲息於樹林地帶，以昆蟲、植物果實為主食。除繁殖期外，以成群活動為主，鳴聲喧嘩，常群棲群飛，築巢於樹上。

火鳥到底是哪種鳥類，一直未有定論。《山海經》的〈中山經〉及〈西山經〉共有四則相關記載，所提及的「竊脂」及「畢方」鳥均具有「禦火」或「兆火」的能力，而羽色則為紅或赤黑色，這是目前可供後人判斷火鳥的最早依據。

其中有關「畢方」的文獻最為詳盡，《彙苑》云：「畢方老鬼也。一曰南方獨腳鳥，形如鶴。」又《尚書故實》云：「漢武帝有獻獨腳鶴者，人皆以為異。東方朔奏曰：《山海經》云畢方鳥也。」稱畢方為「老鬼」應該與鸕鷀（見110頁）別名「水老鴉」與「烏鬼」的理由相同，都是因為羽色烏黑。而後人稱這種鳥兒「一足兩翼」，其實是鶴鸛類鳥類停歇時獨腳站立的模樣。

柳宗元〈逐畢方文〉云元和七年夏天，火災日夜數十起，訛傳有怪鳥出現，而懷疑可能是畢方。這種看法是源自羽色烏黑、嘴赤如丹的鳥兒會「銜火作災」的古老觀念，古人認為羽色烏黑是被火所燻黑或烤焦，而通紅的嘴則是銜火所致，如明朝李子卿〈紅嘴鳥賦〉所言：「其來也，狀銜花未下；其去也，疑帶火初飛。」牠們之所以出現在火災現場，若從鳥類食性來看，應該是因為現場有屍肉可供啄食。

總之，古人所說的「兆火之鳥」或「妖火」之鳥，應該類似今日的紅嘴黑鵯，大多為黑羽赤嘴的鳥兒。

左上圖：古人認為紅嘴黑鵯的紅嘴紅腳及一身黑羽，都是被火燒炙而成。
左圖：在雀榕間覓食的紅嘴黑鵯是原住民傳說中的火鳥。

【白練鳥

古又名：練鵲
今名：綬帶鳥
　　　　壽帶鳥

山禽毛如白練帶，棲我庭前栗樹枝。

獼猴半夜來取栗，一雙中林向月飛。

――――張籍〈山禽〉

【另見】章孝標〈宴漁州〉：白練鳥迷山芍藥，紅妝妓妒水林檎。
　　　朱慶餘〈題崔駙馬林亭〉：白練鳥飛深竹裡，朱弦琴在亂書中。

【類小檔案】
￪鳥（壽帶鳥）
osiphone paradisi
科

本科全世界有270種，台灣14種，大陸40種。外形及行為似鶲亞科鳥類的中小型鳥類，不過幼鳥不具斑點，綬帶鳥是少數具有長尾的本科鳥種。白色型的雄鳥頭部黑色，具冠羽，眼周圍有明顯的灰藍色，全身以白色爲主，白背羽上有黑色縱紋，尾羽中間2根特別長；雌鳥羽色與栗色型相近，短尾，背羽栗褐色，黑冠羽，頭與胸黑灰色，下腹白色。棲息於平地至丘陵地帶及海岸旁樹林中，主要以樹林中上層的昆蟲爲食。築杯狀巢於樹上。

白練鳥是指體羽顏色白如練帶（練即白色的布）的鵲鳥，體型比山鵲小，頭上有冠羽，雄鳥的尾羽特別長，又稱爲練鵲。《三才圖會》引《禽經》所寫：「練鵲，名帶鳥，俗名壽帶鳥。似山鵲而小，頭上有披帶，雌者短尾，雄者長尾。」將此鳥特色形容得相當精確。

《本草綱目》也說練鵲的尾巴長，白毛如練帶。由於身後拖著長長的白色尾巴，形同練帶，因此也俗稱爲「拖白練」。《本草綱目集解》說：「練鵲，似鴝而小，黑褐色。」所指應爲身形較小、不具長尾的練鵲雌鳥。

白練鳥今日稱爲「白壽帶鳥」，不過台灣只看得到「紫壽帶鳥」，而且一般多慣稱爲綬帶鳥。至於大陸地區則有壽帶鳥與紫壽帶鳥兩種，壽帶鳥有三個亞種，其中普通亞種有栗色與白色型。李時珍所說的「練鵲」，應是特指白色型壽帶鳥而言。白色型的雄鳥，藍黑色的頭部與栗色型無異，其餘全身都爲白色，總數量約占全部雄鳥的四分之一；另外，滇西亞種的白色型則占八成，外形與今日非洲白色型的壽帶鳥十分相似。大陸的三個亞種中，只有滇南亞種至今尚無白色型出現。

由於壽帶鳥有兩片長長的尾羽，乍看之下就好像是書生帽子的兩條帽帶，因此暱稱其爲梁山伯。

左上圖：在樹林中鳴叫的雌綬帶鳥。
左圖：雌綬帶鳥喜歡在樹林中上層覓食昆蟲。

【白鷴

古又名：閑客、白雉、
白鷳₂等

1　今名：白鷴

五柳先生₃本在山，偶然為客落人間。

秋來見月多歸思，自起開籠放白鷴。

――――雍陶〈和孫明府懷舊山〉

【註解】1. 鷴：音賢。

2. 鷳：音漢。

3. 五柳先生：晉朝名士陶潛之別號。此處喻指白鷴為鳥中之隱者。

【另見】宋之問〈放白鷴篇〉：乃言物性不可遷，白鷴愁慕刷毛衣。

李白〈贈黃山胡公求白鷴〉：白鷴白如錦，白雪恥容顏。

請以雙白璧，買君雙白鷴。

【類小檔案】
鷴
hura nycthemera
科

雉科全世界155種，台灣7種，大陸59種，除極地外，分布於全世界。本科包括鶉、雉及鷴等，體型似雞，不同種的體型變化大，羽色豔麗，有些種類有冠或肉垂。翅短而圓、喙短而厚，尾長短不一。秋、冬多聚成大群，以植物嫩芽、果實、種子為主食。大多數雄鳥有特殊的求偶炫耀行為。喜在地表及地面挖穴為巢，以細枝、枯葉為築巢材料。鷴屬有48種，體型中至大型，體長55-127公分，羽色多奇麗，長尾，雌雄鳥羽色落差大。

白鷴一身體羽潔白如鷺，形似山雞而色白，因此又稱白雉。因為行止悠閒，行動不慌不忙，而有白鷴及閑客之稱。《全唐詩》中有十三句詩提及這種鳥兒，而且多視為珍貴的禽鳥。

據明朝李時珍考證，《爾雅》中早就說明「白雉」又名「鷳」（音漢），而南方人的口音，「閑」音的讀法與「寒」相似，可知「鷴」即「鷳」之音轉，所以這種鳥兒的最早稱法應是「白鷳」。此外，又根據《西京雜記》的記載，南方有白鷴與黑鷴兩種，通稱為「鷳」。鷳的原意是赤羽之雞，此處則用來形容鷴鳥的毛羽美麗。

白鷴可細分為十四種，中國所產的白鷴是全世界最白且最大的一種，分布於江南一帶，羽色白皙，背部有黑色細花紋，尾長，頭部有冠羽，紅頰而丹爪，食性廣，多在草叢中活動。古人謂白鷴性耿介，因此野鷴難以畜養，不過若是由家雞所代孵出來的幼鷴，就容易馴養得多。閩地居民捕獲野生白鷴時，多半是烹煮食之。

李白在〈贈黃山胡公求白鷴〉一詩的詩序中提到自己酷好這種珍禽，多方打聽之下，才知道胡氏願以家雞所孵育的溫馴雙白鷴來交換李白的詩作，令李白欣喜異常。由詩中「請以雙白璧，買君雙白鷴」二句就可知道李白傾心於這種珍禽的程度了。

左上圖：中國境內的白鷴是世界上最大最白的一種。
左圖：這種鳥兒就是讓大詩人李白願意以詩篇換取的珍禽。

【白鷺】

古又名：青雪、帶絲禽、
墜霜、白鳥、春
今名：白鷺鷥

積雨空林煙火遲，蒸藜炊黍₁餉東菑₂。

漠漠₃水田飛白鷺，陰陰夏木囀黃鸝。

山中習靜觀朝槿，松下清齋₄折露葵。

野老與人爭席罷₅，海鷗何事更相疑₆。

————王維〈積雨輞川莊作〉

【註解】1. 蒸藜炊黍：指煮菜燒飯。
　　　　2. 餉東菑：餉音想，送飯；菑音茲，田畝。指送飯菜到東邊的田裡。
　　　　3. 漠漠：布列貌。
　　　　4. 清齋：指素食。
　　　　5. 爭席罷：指已罷官，不再爭名奪利。
　　　　6. 海鷗何事更相疑：指自己已無貪求之念，鷗鳥不必懷疑其具有機心。

【另見】錢起〈谷口書齋寄楊補闕〉：聞鷺棲常早，秋花落更遲。
　　　　李白〈登金陵鳳凰臺〉：三山半落青天外，二水中分白鷺洲。
　　　　溫庭筠〈利州南渡〉：數叢沙草群鷗散，萬頃江田一鷺飛。
　　　　張祜〈贈內人〉：禁門宮樹月痕過，媚眼惟看宿鷺窠。
　　　　杜甫〈絕句〉：兩個黃鸝鳴翠柳，一行白鷺上青天。
　　　　杜牧〈鷺鷥〉：驚飛遠映碧山去，一樹梨花落晚風。

【類小檔案】
白鷺
etta garzetta
斗

本科全世界有63種，台灣19種，大陸21種。小白鷺全身白色，嘴、腳黑色，爪黃色。繁殖期頭上有飾羽，背、頸下方也有飾羽，體型瘦長，嘴直長而尖，頸長，翼大而圓，腳長尾短，雌雄同色。飛行時頸彎成S型，拍翅緩慢，呈直線飛行。主要棲息於沼澤、湖泊、海邊等，常單獨或群聚於淺水區涉水啄食小魚、蛙、蝦蟹或在陸上啄食昆蟲、蜥蜴等。喜群聚在木麻黃與竹林上築巢。

在古代詩人的眼中，白鷺鷥是羽毛潔白如雪、舞姿優雅閒逸的鳥兒，詩人樂於親近也喜歡以之入詩。白鷺鷥一身白羽，俗稱「白鳥」，風采誘人，詩人劉長卿〈白鷺〉：「亭亭常獨立，川上時延頸」寫出鷺鷥卓然出眾、顧影自憐等各種神態。當白鷺鷥翩然飛舞而下，雪白的羽毛映照著晴空，有如霜雪從天飄降一般，因而有「墜霜」雅號，有人以「雪然飛下立蒼苔」來形容。在一片青山綠野中，鷺鷥雪白的羽色特別顯目，也最容易讓人與霜雪聯想在一起，是以又有「青雪」之稱，例如「忽漫鷺鷥驚起去，一痕青雪上西山。」此外，因為牠的飾羽可愛，而有「帶絲禽」的雅號；長長的嘴巴則像農具中的舂鋤，「舂鋤」一名即由此而來。

事實上，靜立江邊的白鷺鷥，並非如一般詩人想像的悠閒，牠一動也不動的用意其實是等著魚兒出現，有些詩人看出了白鷺鷥這種外冷內熱的覓食心理，例如顧況〈白鷺汀〉：「夜起沙月中，思量捕魚策」即寫出白鷺鷥看似氣定神閒的外表下所隱藏的焦急與不耐，而這也讓牠在詩人心中的孤潔形象大打折扣。來鵠〈鷺鷥〉：「若使見魚無羨意，向人姿態更應閒。」寫的是在煙波上翹足而立的白鷺鷥，因為偶爾快步於汲汲覓魚果腹的舉動，而破壞了牠在詩人心中不食人間煙火的清高模樣。因此，詩人才有如此喟歎。

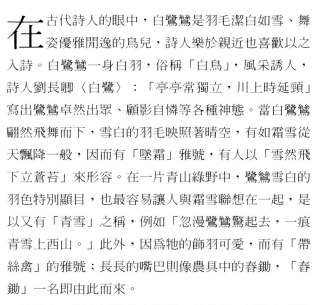

左上圖：繁殖期的白鷺鷥頭後有兩根飾羽，是牠別名帶絲禽的由來。
主圖：江邊群飛的鷺鷥是詩人眼中閒適的象徵。

【吉了

古又名：結遼鳥、了哥、
　　　　秦吉了等
今名：九官鳥、鷯哥

紅羅著壓逐時新₁，吉了花紗₂嫩麴塵₃。

第一莫嫌材地弱，些些紕縵₄最宜人。

————元稹〈離思〉

【註解】1. 著壓逐時新：應學刺繡新樣式。
　　　　2. 花紗：指九官鳥頭上的片狀薄肉垂。
　　　　3. 麴塵：原指酒上所生的塵狀淡黃色菌，此處用來形容九官鳥頭
　　　　　　上黃色肉垂的薄嫩細緻。
　　　　4. 紕縵：音皮慢，原指衣冠上的邊飾，此指鷯哥的黃色頭飾。

【另見】張籍〈崑崙兒〉：言語解教秦吉了，波濤初過鬱林洲。
　　　　元稹〈和樂天送客遊嶺南二十韻〉：果然皮勝錦，吉了舌如人。
　　　　殷堯藩〈醉贈劉十二〉：鸞將吉了語，猿共猩然啼。
　　　　李白〈自代內贈〉：安得秦吉了，為人道寸心。
　　　　白居易〈雙鸚鵡〉：始覺琵琶弦莽鹵，方知吉了舌參差。

【鳥類小檔案】
哥
cula religiosa
鳥科／八哥科

本科全世界114種，台灣7種，大陸18種。主要分布於歐洲、亞洲及非洲南部。嘴直而長，翼末端呈尖形，尾短，體型小至中型，鳴聲吵雜，群動性高。主要棲息於曠野處、樹林地帶，築巢於樹洞中，雜食。本篇所指鷯哥，體羽全身黑色，泛銅綠光澤，頭後兩側、眼下及眼後各有片狀的黃色肉垂，嘴橙紅色、前端為黃色，腳黃色。善學人言及其他鷯哥之鳴聲，為雲南、廣西及海南島留鳥，台灣養為籠中鳥。

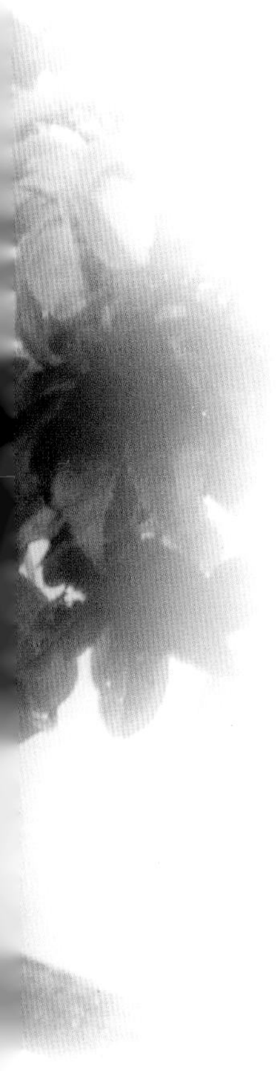

據《爾雅翼》等古籍的記載，吉了鳥產自秦中，故名秦吉了，俗稱了哥。《唐書》作結遼鳥，其實是番音直譯，嶺南一帶的容州、管州、廉州及邕州等峒中都曾出現過這種鳥類。

秦吉了與鴝鵒（見68頁）羽色相近，都是青黑色，同樣也是紅嘴黃腳，不過秦吉了的眼下近頸處有黃色肉冠，一如人之兩耳，頂毛有縫，如人之分髮。這種鳥兒可以模仿人言，比起鸚鵡（見112頁）來更為聰明。仔細聽這兩種鳥兒的聲音，可以清楚辨別：吉了因為產於秦中，說起話來就像是秦人的口音，聲音比較雄重沉濁，有如大丈夫之聲；鸚鵡的聲音則比較輕清婉轉，有如情人之間的喁喁話語。

由於秦吉了可學人語，《瑯嬛記》還說秦吉了其實是「情急了」的一音之轉。故事是說善解人意的秦吉了曾經是一對相愛男女的信差，某日此鳥忽然對女子喚曰：「情急了。」於是女子寄鳥書言明，以秋期為諾，若不果肯，即如雨過天青，此後就稱這種鳥為「情急了」。作者還指出前人所稱「秦吉了」實為「情急了」之誤，究其實，反倒是作者忽略了這種鳥兒原就產自秦中，何況古籍中完全沒有「急了」或「情急了」之說，可見「情急了」的說法純粹是後人附會後弄假成真、倒果為因的結果。

左上圖：能言善道的九官鳥常成為籠中鳴禽。
左圖：因為吉了一名，還衍生出「情急了」這麼一則愛情故事。

【伯勞

古又名：鵙[1]、博勞、
　　　　伯趙、百鷯等

今名：伯勞

日暖風微南陌頭，青田紅樹起春愁。

伯勞相逐行人別，岐路空歸野水流。

遍地尋僧同看雪，誰期載酒共登樓。

為言惆悵嵩陽寺[2]，明月高松應獨遊。

─────司空曙〈寄胡居士〉

【註解】1. 鵙：音橘或決。
　　　　2. 嵩陽寺：在今河南登封縣北嵩山麓，北魏孝文帝所創建。

【另見】李嘉祐〈常州韋郎中汎舟見餞〉：映花雙節駐，臨水伯勞飛。
　　　　韓翃〈東城水亭宴李侍御副使〉：去日隨戎幕，東風見伯勞。
　　　　楊凌〈即事寄人〉：相思寂寞青苔合，唯有春風啼伯勞。
　　　　孟郊〈臨池曲〉：羅裙蟬鬢倚迎風，雙雙伯勞飛向東。
　　　　張祜〈題真娘墓〉：舞為蝴蝶夢，歌謝伯勞飛。
　　　　賈島〈送路〉：別我就蓬蒿，日斜飛伯勞。
　　　　陸龜蒙〈和襲美館娃宮懷古〉：伯勞應是精靈使，猶向殘陽泣暮春。

【鳥類小檔案】

尾伯勞
ius cristatus
勞科

本科全世界有30種，台灣5種，大陸10種，分布世界各地。紅尾伯勞黑嘴粗短有力，先端下鉤，頭大尾長，腳強爪利，具寬闊的黑色過眼線，有雀類中的猛禽之稱。背羽灰褐色，翼、尾暗褐色，腹黃白色，雌鳥胸側有鱗狀斑紋。主要棲息於草叢、樹林地帶之突出物上，定點捕食飛行中與地上的昆蟲、小型動物為主，有儲食的習慣。通常單獨活動，領域性強，築巢於低枝上。在台灣地區常見的還有體型較大的棕背伯勞（*Lanius schach*）。

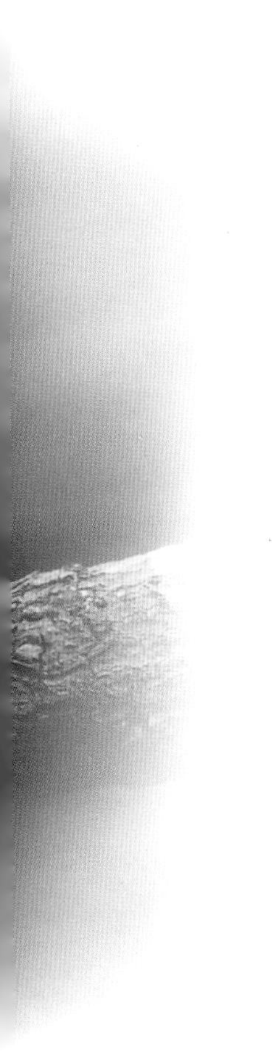

在《詩經》〈豳風·七月〉中就已提到「七月鳴鵙」，鵙即伯勞（一作博勞），以其鳴聲命名。伯勞在「將寒之候」鳴叫，有時則提早在五月鳴叫。大陸的伯勞為夏候鳥，出現時間約在「夏至來，冬至去」之時，精確時間是陽曆七月七、八日小暑或六月十日前後，一直到十二月廿一日或廿二日才飛離。

傳說伯勞善於制蛇，只要一鳴叫，蛇就會盤曲成一團防衛。可見古人已觀察到伯勞是雀類中的猛禽，可以捕食蜥蜴及小蛇等動物。古籍又說伯勞「殺蛇磔之棘上而始鳴」，意思是說伯勞捕殺蛇後，會將蛇肉懸掛於枝上而後開始鳴叫，正確指出伯勞貯存剩餘食物的行為。再者，古人也觀察到這種鳥兒停棲於定點以伺機捕食的生態習性，而有伯勞「性好棲」之說。

曹植認為伯勞鳴叫於五月，是感應陰氣之動，有助陰損陽之嫌，因此說牠是養陰殺為殘賊的賊害之鳥。《酉陽雜俎》也有這樣一則故事，說周朝大臣尹吉甫之後妻陷害前妻之子伯奇，使其父親錯殺之。伯奇死後化為伯勞，以鳴聲向父親訴冤，吉甫後來便殺妻為子報仇。所以民間都嫌惡伯勞鳴聲，而流傳著伯勞所鳴之家必有凶亡之事發生的附會之說。

據傳若取伯勞所踏棲的樹枝來鞭治小孩，可讓小孩加速開口學語。這是因為伯勞能鳴於其他萬物不鳴之時，所以以類相求。

左上圖：棕背伯勞。由於食性與鳴聲之故，伯勞自古即被視為惡鳥。
左圖：紅尾伯勞的雌鳥在枝上定點停棲，等待捕食獵物。

【杜鵑】

古又名：子規、杜宇、
　　　　陽雀、催歸

今名：杜鵑、筒鳥

錦瑟無端五十絃，一絃一柱思華年。

莊生曉夢迷蝴蝶₁，望帝春心託杜鵑₂。

滄海月明珠有淚，藍田₃日暖玉生煙。

此情可待成追憶，只是當時已惘然。

　　　　　　　　　　───李商隱〈錦瑟〉

【註解】1. 莊生曉夢迷蝴蝶：莊周夢蝶，真幻難知。喻人生若夢。

　　　　2. 望帝春心託杜鵑：相傳戰國時杜宇自立為蜀王望帝，治水有功，
　　　　　晚年因帝位不保而避難山中，抑鬱以終時正是杜鵑鳥活動時節，
　　　　　百姓遂傳言望帝已化為杜鵑鳥。

　　　　3. 藍田：山名，產玉，位於陝西省藍田縣東南。

【另見】白居易〈琵琶行〉：其間旦暮聞何物？杜鵑啼血猿哀鳴。

　　　　李白〈蜀道難〉：又聞子規啼夜月，愁空山。

　　　　無名氏〈雜詩〉：等是有家歸未得，杜鵑休向耳邊啼。

　　　　王維〈送梓州李使君〉：萬壑樹參天，千山響杜鵑。

　　　　崔塗〈春夕〉：蝴蝶夢中家萬里，杜鵑枝上月三更。

　　　　杜荀鶴〈聞子規〉：啼得血流無用處，不如緘口過殘春。

【鳥類小檔案】
杜鵑
Cuculus saturatus
鳥科

本科全世界有138種，台灣7種，大陸17種。中杜鵑又稱筒鳥，上半身鼠灰色，眼褐色，下胸至尾下覆羽灰白色，有黑色條斑，下頸略帶褐色，雌雄鳥同色。主要棲息在平地至丘陵的林緣中上層。本身不築巢，不育雛，而托卵於其他鶯亞科等小型鳥類的巢中。以小型動物、果實為食，通常單獨或成雙活動，鳴聲單調，常發出「不不-不不」，以及「公孫」之聲。

與杜鵑有關的中國神話中，最為人所熟知的就是流傳於荊楚一帶蜀王望帝含冤而死、化為杜鵑鳥的故事。從此杜鵑就被視為「冤禽」，並有望帝、杜宇（望帝本名）、蜀魂等別稱。

唐詩中提及杜鵑時，多含有怨懟嗔恨之意，如顧況〈子規〉：「杜宇冤亡積有時，年年啼血動人悲」及羅鄴〈聞子規〉：「蜀魄千年尚怨誰，聲聲啼血向花枝」等。羅隱〈子規〉一詩，則將杜鵑與銜石填海的精衛（見116頁）相提並論，而云：「一種有冤無可報，不如含石疊滄溟」。

杜鵑出現時間約在暮春三月之際，如杜甫詩所云：「杜鵑暮春至，哀哀叫其間」。暮春三月正是一年好景將逝、百花凋零之際，杜鵑在此時節出現，鳴啼不止，讓多愁善感的詩人聯想到杜鵑悲鳴是催促春光離去，而產生青春一去不回的感歎。

《本草綱目》等古籍形容杜鵑的鳴聲狀若「不如歸去」，因此杜鵑又被視為鄉愁的象徵。這種「不如歸去」的象徵意涵，到了宋代才真正流傳開來。由於杜鵑口舌鮮紅，啼聲哀怨且連綿不絕，古人甚至認為牠會哀啼到血流不止，如《埤雅》就說：「杜鵑苦啼，啼血不止。」《格物總論》也說：「冤禽，三、四月間夜啼達旦，其聲哀而吻有血。」據說杜鵑啼血時，染紅了樹下花草，「杜鵑花」一名即由此而來。

左上圖：大杜鵑的鳴聲似布穀，所以也被認為是勸農催耕的鳥兒。
左圖：在枝上展尾的中杜鵑。杜鵑是中國詩歌中最有文學色彩的鳥兒。

沙鷗

古又名：水鴞、漚₁鳥、
　　　　信鳧等

今名：海鷗

細草微風岸，危檣₂獨夜舟。

星垂平野闊，月湧大江流。

名豈文章著₃？官應老病休。

飄飄₄何所似？天地一沙鷗！

　　　———杜甫〈旅夜書懷〉

【註解】1. 漚：讀為歐之第三聲。
　　　　2. 危檣：高聳的船桅。
　　　　3. 名豈文章著：著音住，顯著。名聲豈會因文才而顯著？
　　　　4. 飄飄：指人生飄泊不定。

【另見】王維〈積雨輞川莊作〉：野老與人爭席罷，海鷗何事更相疑？
　　　　杜甫〈客至〉：舍南舍北皆春水，但見群鷗日日來。
　　　　溫庭筠〈利州南渡〉：數叢沙草群鷗散，萬頃江田一鷺飛。
　　　　劉長卿〈弄白鷗歌〉：泛泛江上鷗，毛衣皓如雪。
　　　　陸龜蒙〈白鷗詩〉：慣向溪頭漾淺沙，薄煙微雨是生涯。

【類小檔案】

尾鷗

us crassirostris

本科全世界有51種，台灣6種，大陸19種。黑尾鷗體型肥胖，身長47公分，翼長120公分。粗嘴先端略呈鉤狀，嘴寬長，尾短不分叉。前趾間有蹼，善飛行。雌雄鳥羽色接近。嘴黃色，先端紅色，腳黃色。除背羽深灰色外，多為白色。尾下覆羽、尾羽都為白色，尾羽末端黑色。主要棲息於海岸、河口地帶，以魚類、地上小動物為主食，善泳，常浮游於水面或在陸地覓食。集體築巢於島嶼之懸崖或地上。

海岸邊以及內陸地區的汀洲與湖泊處，都可見到海鷗的蹤跡。牠一身雪白的羽毛，讓善感的詩人認為都是因愁而起，因為只有多愁多恨者頭髮才會急速變白，遂有「拍手笑沙鷗，一身都是愁」之歎。

　　在空中輕舞翻颺的海鷗，往下衝開錦川、點破湖光之際，也為寧靜的山水景色注入靈動的生命。牠隨著波浪覓食的情景，彷如一片雪花在水上翻騰起落，古人以「雪捲鷗波」來形容如此美麗的身影。不過，偏愛海鷗逐波戲浪的詩人卻不知道，看似相互競逐以消磨時光的群鷗，俯衝而下時，一心一意懸念的卻是如何捕食水面上的小型水族生物。不知情的詩人還以「閒適」來形容鷗鳥的生活，而萌生欽羨之意。

　　《列子》有個關於海鷗能識破人類機心的故事：有名漁夫每日出海捕魚時，總有數百隻鷗鳥相伴左右。某天漁夫的父親心血來潮，希望漁夫能捕捉一兩隻海鷗讓老父玩賞。不料此後，鷗鳥就心生疑慮，盤旋空中而不敢靠近。想像力豐富的詩人因此視鷗鳥為清高的鳥兒，與海鷗立誓結盟頓時成為詩人超脫凡俗的象徵，如賈島就以「知心海上鷗」來彰顯自己不慕名利的節操，而「鷗盟」也成為詩文中的經典用語了。

　　其實，成群海鷗追逐漁船的景象相當普遍，牠們的目的說穿了不過是想捕食困在漁網中或被漁船驚起的魚兒而已，自然談不上有無機心了。

左上圖：描摹天地一沙鷗的畫面。
左圖：浴浪的海鷗，是潔白忘機與悠閒的象徵。

【斥鷃

古又名：鷃雀、鴳、斥
鷃鴳、籬鷃等

今名：鵪鶉

五色憐鳳雛，南飛適鷦鴣。楚人不相識，何處求椅梧。

去去日千里，茫茫天一隅。安能與斥鷃，決起但槍榆。

————孟浩然〈送吳悅遊韶

【註解】1. 鷃：音驗。

2. 鴳：音義同鷃。

3. 鵪鶉：音安純。

4. 適：喜好。

5. 楚人不相識：〈尹文子〉曾云楚人誤以山雉為鳳凰。

6. 椅梧：當為倚梧，指鳳凰非梧桐不倚。

7. 槍榆：竹之頂、榆樹之顛。

【另見】賀知章〈奉和御製春臺望〉：一聽南風引鸑舞，長謠北極仰鷃居。

駱賓王〈寒夜獨坐遊子多懷簡知己〉：鷃服長悲碎，蝸廬未卜安。

錢起〈送李大夫赴廣州〉：昔許霄漢期，今嗟鵬鷃別。

殷堯藩〈潭州獨步〉：笑看斥鷃飛翔去，樂處蓬萊便有春。

皮日休〈公齋四詠之小松〉：先愁被鷃搶，預恐遭蝸病。

白居易〈喜楊六侍御同宿〉：濁水清塵難會合，高鵬低鷃各逍遙。

【類小檔案】
斥鷃
rnix chinensis

本科全世界有155種，台灣7種，大陸59種。小鵪鶉的雄鳥大致為暗褐色，綴有白紋斑，頭上密布暗褐斑，短尾為赤褐色。眉、額、頸側及胸至腹側均為灰藍色，喉有黑色三角斑，兩側及下方為白色，胸下為栗紅色。雌鳥全身暗褐色，背部有白縱斑，腹部有黑褐色橫斑，並有黑過眼線及栗褐色眉斑，喉部土黃色。晨昏活動於中低海拔的農耕地或沼澤草地及草叢中，性羞怯，不易見到。以種子、昆蟲為食，且好食白蟻。築巢於草叢的地面。

舊說鵪鶉為蝦蟆所化，除了其蹲伏時形似蝦蟆之外，鵪鶉驚飛時也酷似長了翅膀的蝦蟆一躍而上。《禮記》有「季春之月，田鼠化為鴽」的說法（見120頁），提到的鴽鳥除夜鷹外，也有人認為是鵪鶉。主要是因為鵪鶉甚少飛行，形似鼠而隱秘難見，遇警戒時蹲伏避險的樣子也狀似老鼠。

不過，根據《爾雅》以鶉之名為「鴾」，鴽之名為「鷃」，《禽經》述及豢養鴽鶉時，也是將二鳥並列，以及《禮記》還有「鶉羹、雞羹、鴽釀之蓼」三種不同料理，可見鶉及鴽是不同的鳥兒。

鷃與燕子都是安於瓦舍與地面的鳥類，所以又名「鴳」。《莊子》有個寓言故事說，斥鴳譏笑摶飛九萬里的大鵬，為何要長途跋涉地自北圖南，不如像牠低飛周旋於蓬蒿之間來得逍遙。這個故事就是以斥鴳棲身之低與鵬飛萬里來做一對比。

鵪鶉喜歡竄伏於淺草之間，隨地而安，因此莊子以「鶉居」來代表寡欲簡樸的生活。古人也以鵪鶉禿短的尾羽來形容衣服破蔽之態，而說「衣若懸鶉」，進而產生「鶉衣」（蔽衣）之喻。

古人也觀察到鶉有「常匹」及好鬥的習性，會成雙出沒於林草間，雄鳥相遇時則會好鬥爭偶。據傳這種鳥若遇小草橫阻即旋行避礙，古人認為是生性淳良，其實是這種鳥生性機警，一有風吹草動就會走避。

左上圖：生性隱密的雄鵪鶉，在大陸是遍及南北的常見鳥種。
左圖：小鵪鶉生性羞怯、體型袖珍，不易見到。

【青鳥

古又名：王母、青雀兒
　　　　青禽
今名：藍鵲

相見時難別亦難，東風無力百花殘。

春蠶到死絲方盡，蠟炬成灰淚始乾。

曉鏡但愁雲鬢改，夜吟應覺月光寒。

蓬山此去無多路，青鳥殷勤為探看。

　　　　　　　　　　————李商隱〈無題〉

【註解】1.蓬山：原指東海仙山，此處指仙境或兩人相會之處。

【另見】杜甫〈麗人行〉：楊花雪落覆白蘋，青鳥飛去銜紅巾。
　　　　萬楚〈小山歌〉：今日長歌思不堪，君行為報三青鳥。
　　　　孟浩然〈清明日宴梅道士房〉：忽逢青鳥使，邀入赤松家。
　　　　李康成〈玉華仙子歌〉：不學蘭香中道絕，卻教青鳥報相思。
　　　　殷堯藩〈宮詞〉：天遠難通青鳥信，風寒欲動錦花茵。
　　　　張易之〈奉和聖製夏日遊石涼山〉：青鳥白雲王母使，垂藤斷蔦野人心。

【小檔案】
藍鵲
issa caerulea

本科全世界117種，台灣9種，大陸29種。台灣藍鵲身長64公分，眼睛為黃色，嘴、腳紅色，頭至頸、胸都是黑色，其餘部分為深藍色，下腹藍色較淡，長尾羽末端白色，除中央2根特長的尾羽外，其餘各段為黑色，尾下覆羽末端灰白色，雌雄鳥羽色相同。鳴叫聲粗啞，嘴、腳粗壯有力。喜群居，拙於飛翔，雜食性，以種子、果實及小動物等為食。覓食處遍及地上與樹上，不甚懼人，築巢於樹上。

有關青鳥的記載，最早見於《山海經》，〈西山經〉說「三青鳥」居住在三危之山；〈海內北經〉說三青鳥負責「爲西王母取食」；而〈大荒西經〉則進一步區分云：「西王母之山有三青鳥，赤首黑目，一名曰大鵹，一名曰少鵹，一名曰青鳥。」可知三青鳥是指大鵹、少鵹及青鳥三種鳥，並泛稱青鳥。至於晉郭璞註解說青鳥爲「西王母使者」的說法，則是到了漢武帝時才產生。

綜合歷朝的神仙典籍所載，西王母是上古女神，凡是得道成仙的女神都歸她管轄。據《漢武故事》云：「七月七日，上於承華殿齋，正中，忽有一青鳥從西方來集殿前。上問東方朔，朔曰：此西王母欲來也。有頃，王母至，有二青鳥如烏，夾侍王母旁。」後人遂據此而以青鳥爲西王母的前導使者，傳達西王母即將到訪的訊息，並以青鳥代稱傳信使者或傳遞書信。如唐朝韋應物〈寶觀主白鴝鵒歌〉詩中就說「豈不及阿母之家青鳥兒，漢宮來往傳消息。」

根據青鳥「赤首黑目」及七月七日出現在承華殿的記載來推敲，古人所謂的青鳥應與七夕搭鵲橋的鵲鳥有關。漢《淮南子》云「烏鴉填河成橋而渡織女」，而《風俗通》說「織女七夕當渡河，使鵲爲橋」，可見漢人對於烏、鵲並未細分，如果是赤目黑首而青身，這可能是與台灣藍鵲或紅嘴藍鵲相似的鳥種。

左上圖：大陸的紅嘴藍鵲可能是傳說中的王母信使之一。
左圖：飛行中的台灣藍鵲。台灣藍鵲與青鳥的特徵相當符合。

古又名：雀鷹、擊征、題肩、鷂₂、鶽

1　今名：隼

秦原₃獨立望湘川，擊**隼**南飛向楚天。

奉詔不言空問俗，清時因得訪遺賢。

荊門曉色兼梅雨，桂水春風過客船。

疇昔常聞陸賈₄說，故人今日豈徒然。

────────郎士元〈送崔侍御往容州宣慰〉

【註解】1. 隼：音準。
　　　　2. 鶽：音淫。
　　　　3. 秦原：指當日都城長安近郊送別處。
　　　　4. 陸賈：漢惠帝時，陸賈曾出使南越，
　　　　　　　　受到南越王致贈千金寶物而回。

【另見】李商隱〈哭逐州蕭侍郎廿四韻〉：虎威狐更假，隼擊鳥逾喧。
　　　　皎然〈寄崔萬芳夔〉：氣殺高隼擊，借芳步寒林。
　　　　武元衡〈酬陸三與鄂十八侍御〉：共憐秋隼驚飛至，久想雲鴻待侶還。
　　　　無名氏〈霜隼下晴皋〉：九皋霜氣勁，翔隼下初晴。
　　　　劉禹錫〈樂天寄重和晚達冬青一篇因成再答〉：秋隼得時凌汗漫，寒龜飲氣受泥塗。

【頂小檔案】

○ tinnunculus

本科全世界62種，台灣3種，大陸12種，遍布全球，多為候鳥。小至中型猛禽，身長30-76公分，翼長69-120公分。嘴鋒較短，上嘴先端鉤曲，翼尖而長，頸短，腳粗短而強，爪彎而銳。雌鳥大於雄鳥。主要棲息於開闊林野。飛行迅速，在空中或地上獵食，以昆蟲、鳥類和鼠類等為食。通常以快速振翅與滑翔相間飛行，盤旋時短。在樹上或岩壁洞穴中營巢，有些不營巢。本篇所指多為隼科以及少數鷲鷹科雀鷹類的小型猛禽。

古人提及隼時，將這種「迅疾之鳥」視同為「雀鷹」，屬於鶻類的小型猛禽。隼一名鷂或負雀，以其善捉燕雀而得名。至於鷹、隼之分，則在於鷹搏捕獵物偶爾會失手，而隼則能每發必中，準頭無誤，所以稱為隼。一般而言，隼在捕食獵物時，會在空中定點振翅，瞄準目標後才下撲。由於隼生性凶猛，古代軍隊旗幟多繪其圖像以勸武。

舊時相傳隼遇懷胎的獵物，都會縱放之而不捕殺。這有兩種可能，一種是所有生物在繁殖過程中會為了保護後代而具有明顯的防衛與攻擊性，譬如利用擬傷行為、鳴聲作勢、攻擊或驅逐等來禦敵護幼，所以此時期的動物會比較難以捕獵。一種是與鷹隼等在暮春三月前後會出現「鷹化為鳩」現象（見122頁）的傳說有關，變形之後的隼已不具殺傷力。

《酉陽雜俎》說，唐人獵捕鷹隼的時機以農曆七月二十日為最佳，因為此時鷹群中以本地留鳥較多，其次為八月上旬，到了下旬則因塞外猛禽類的候鳥全都過境到內地，反而不易下手。揆諸今日別號國慶鳥的灰面鵟成千上萬隻過境墾丁的時間，兩者大致相近。

古籍中也有教人豢養鷹隼的專論，包括如何由猛禽的外貌汰選、分析鷹隼的性情及飲食、教導鷹隼習飛與分辨主人聲令的方法，以及訓練鷹隼攫獵之術等。

左上圖：雌紅隼停在屋簷邊，這種體型較小的鷹隼，有時也稱為雀鷹。
左圖：雄紅隼可以定點振翅捕食，古人視之為百發百中的象徵。

【啄木

古又名：斲₁木、䴕₂
今名：啄木鳥

古又名：斲$_1$木、䴕$_2$
今名：啄木鳥

丁丁₃向晚急還稀，啄遍庭槐未肯歸。

終日與君除蠹害，莫嫌無事不頻飛。

　　　　　　　　　　　　———— 朱慶餘〈啄木〉

【註解】1. 斲：音啄。

　　　　2. 䴕：音列。

　　　　3. 丁丁：音爭，狀聲詞。

【另見】白居易〈寓意詩五首〉：豈無啄木鳥，嘴長將何為。

　　　　元稹〈有鳥二十章〉：有鳥有鳥名啄木，木中求食常不足。

　　　　賈島〈詠懷〉：經年抱疾誰來問，野鳥相過啄木頻。

　　　　韓偓〈村居〉：日照神堂聞啄木，風含社樹叫提壺。

　　　　貫休〈湖頭別墅三首〉：圍飛青啄木，簷挂白蜘蛛。

　　　　齊己〈啄木〉：啄木啄啄，鳴林響壑。

【類小檔案】
．木
．drocopos canicapillus
．鳥科

本科全世界217種，台灣4種，大
陸29種。除北極區及澳洲外，見
於全世界。小啄木嘴形強直而尖
如鑿，舌長而能伸縮，先端列生
短鉤。頭大，具支撐作用的尾羽
羽軸堅硬，呈楔尾狀。腳短而堅
實，趾為二前二後的對趾。雌雄

鳥羽色相似，背羽大致為黑色，
頭上略帶灰色並有不明顯的小紅
斑，下背多白色橫斑，白臉上有
黑過眼線，喉以下為淡黃褐色。
主要棲息於中低海拔的樹林間，
常攀爬於樹幹上啄食樹皮或樹幹
中的昆蟲，鑿樹洞為巢。

魏晉時期的詩歌中已提及啄木鳥，所描寫的啄木鳥，或是側重其啄木聲音，或是從牠「饑則啄樹，暮則巢宿，無干於人，唯志所欲」的角度，來歌詠啄木鳥自食其力、不慕名利的個性。直到唐朝以後，才明顯地針對啄木鳥常啄枯木除蠹的特性加以著墨，寄寓士人為國君除弊政的形象。

《爾雅》說明啄木鳥一名是由牠「常斷樹食蟲」而來，當牠以嘴喙啄樹時，木、蟲都隨之振動。古人也已經注意到啄木鳥有長長的舌頭，舌梢處還有刺針類的倒鉤，以便從樹木的縫穴深處取出蠹蟲。古籍甚至誇大記載說啄木鳥能以嘴喙在樹幹上畫字，而令蠹蟲自動從穴中爬出來受死。古時還傳說啄木鳥可治癒齲齒，民間還流傳若取啄木鳥的鳥爪畫地為印記，則其下壅塞不通的地區就會為之敞開，這不過是由啄木鳥能判別何處樹木已為蠹蟲所蛀蝕而延伸出來的說法，不值得細究。性喜遠飛的啄木鳥，也被視為雷公的採藥吏所變化而成。

在古代，以綠啄木較為常見，至於紅頂黑啄木這種大型的啄木鳥，南地偏遠土人則泛稱為山啄木或火老鴉，由於羽色黑，所以傳說牠能食火炭。古人又以褐色、斑色之羽色來區分雌雄啄木鳥，這種區分其實並不正確，因為本科鳥類的雌雄鳥羽色相似。啄木鳥飛行時，採一高一低的波浪型方式前進。

左上圖：綠啄木是古人經常描寫的鳥兒，也是大陸較常見的啄木鳥。
左圖：在枯樹幹上尋找蠹蟲的小啄木，是今日台灣常見的啄木鳥。

【雀

古又名：爵、嘉賓、瓦雀等
今名：麻雀等

雙膝過頤頂在肩，四鄰知姓不知年。

臥驅烏雀惜禾黍，猶恐諸孫無社錢₁。

――――盧綸〈村南逢病叟〉

【註解】1.社錢：慶祝社日（土地神生日）酬神聚會所花費的錢。

【另見】杜甫〈奉和賈至舍人早朝大明宮〉：旌旗日煖龍蛇動，宮殿風微燕雀高。
　　　　李嶠〈雀〉：大廈初成日，嘉賓集杏梁。
　　　　杜甫〈南鄰〉：慣看賓客兒童喜，得食階除鳥雀馴。
　　　　羅鄴〈傷侯第〉：世間榮辱半相和，昨日權門今雀羅。
　　　　王建〈空城雀〉：報言黃口莫啾啾，長爾得成無橫死。

【類小檔案】

er montanus

科

本科全世界有135種，台灣2種，大陸5種。麻雀是最常見的小型鳥類，黑嘴粗短，先端呈圓錐形，翼短圓，腳短有力。頭羽栗褐色，背部紅褐色，背有黑縱斑，腰至尾羽灰褐色，尾、翼黑褐色，羽緣略淡；頰有醒目的黑斑。腮、喉中央黑色，胸以下污白色。鳴聲單調，主要棲息於中低海拔地區的住家附近等開闊地帶，以種子及果實為主食，繁殖時也食昆蟲。性群棲，喜喧嘩，常在屋簷、電線及地面活動，築巢於樹上或建築物上。

古人提及雀鳥時，大都是泛稱一切噪雜好動的小型鳥類，如唐朝詩人許渾〈題灞西駱隱士〉：「雀喧知鶴靜，鳧戲識鷗閒。」《格物總論》云：「雀，小鳥也，常依人，嘴頷皆黑，通身毛羽褐色，尾長二寸許，爪趾黃白色，四時有子。種類不一，有神雀、蒿雀、突厥雀、瓦雀。」李時珍說雀是「短尾小鳥」，棲宿於簷瓦之間，常常溫馴地在庭院之間活動，行止就像賓客一般，所以又稱為「瓦雀」或「賓雀」；而俗稱老而斑者為「麻雀」，八九月群飛田間，體型圓肥，常被捕來燒烤。

其實，以上所說的都是指今日的麻雀而言。麻雀在台灣相當普遍，而在大陸江南一帶，則以眼下有黑斑的山麻雀最為常見，並非是因為年紀大的雀鳥才帶有黑斑，這是古人的錯解。不過，古人已知道麻雀這種厝鳥家家戶戶有之，而且相當聒噪，韋應物〈幽居〉詩「鳥雀繞舍鳴」句，指的就是這種情形。

麻雀的繁殖能力非常強，四時有子，較之逐月有子的鴿子毫不遜色。「雀」字的古字又作「爵」，如曹植〈美女篇〉：「頭插金爵釵」，爵釵即雀釵，也就是釵頭製成雀形的首飾。

古人以「明珠彈雀」來說明得不償失的道理，也間接指出雀鳥量多而受賤視的情形。不過，漢朝以後則流傳，如果「有雀入其手」，則表示有「封爵之祥」。

左上圖：麻雀的環境適應力強，在住家、公園、農耕地帶都可見到。
左圖：群棲群動的麻雀是古人常見的鳥類，不知名的小鳥多以雀稱之。

【寒鴉】

古又名：烏、鴉、雅、
　　　　孝鳥、鬼雀等
今名：烏鴉

奉帚₁平明金殿開，暫將團扇共徘徊。

玉顏不及寒鴉色，猶帶昭陽₂日影₃來。

————王昌齡〈長信怨〉

【註解】1. 奉帚：持帚灑掃。
　　　　2. 昭陽：漢代宮殿名，指受恩寵者所居住之處。
　　　　3. 日影：即陽光，此喻君王恩澤。

【另見】李頎〈琴歌〉：月照城頭烏半飛，霜淒萬樹風入衣。
　　　　杜甫〈哀王孫〉：長安城頭頭白鳥，夜飛延秋門上呼。
　　　　韓翃〈酬程延秋夜即事見贈〉：向來吟秀句，不覺已鳴鴉。
　　　　李商隱〈隋宮〉：于今腐草無螢火，終古垂楊有暮鴉。
　　　　張繼〈楓橋夜泊〉：月落烏啼霜滿天，江楓漁火對愁眠。
　　　　白居易〈慈烏夜啼〉：慈烏失其母，啞啞吐哀音。
　　　　　　　　　　　　　　慈烏復慈烏，鳥中之曾參。

本科全世界117種，台灣9種，大陸29種，幾乎遍及世界各大洲。本科鳥類大多為留鳥，為中至大型鳴禽。巨嘴鴉黑嘴大而粗厚，全身黑羽有紫綠光澤，腹羽色稍淡，雌雄鳥羽色相同。常發出單調的啊啊聲，嘴、腳粗壯有力，喜群居，雜食性。性機警，常停棲在視野廣闊之高枝上，飛行時，振翅緩慢而平穩，築巢在樹上、樹洞或岩洞內。已逐漸適應人類開發後的環境，在市郊與公園活動，啄食人類的剩食。

　　烏鴉或稱烏，「烏」字為象形，因為烏鴉全身羽色黑漆漆，特別看不清其眼睛，因此造字之初「烏」字便少去「鳥」字中代表眼睛的那點。至於稱為「鴉」或「雅」，是因為烏鴉的嘶啞叫聲而得名。

　　據明朝李時珍所說，古代早有占卜之書記載烏鳴下地無好聲，但旅人臨行時若有烏鳴引路，則是喜訊一樁。不過，現代人多認為「喜鵲報喜、烏鴉報凶」，這其實是北人南渡後受到南方文化的影響，也印證了古語所說「南人喜鵲惡鴉」的傳統，其實北人原本是「喜鴉惡鵲」的，這與北方多慈烏有關。

　　北方人稱這種慈烏為寒鴉，幼鴉出生後，母鴉哺之六十日，到了母鴉老時，長成的寒鴉則會反哺其母六十日，這種反哺現象在寒冷的冬月尤為常見。此外，烏鴉也是長壽的象徵，傳說「三鹿死後，能倒一松，三松死後，能倒一烏。」意思是說烏鴉的壽命比長壽的松柏還要長上三倍。

　　李時珍將古人所說的四種烏鴉歸納如下。「慈烏」體型小而純黑，小嘴而知反哺者，與今日大陸之小嘴烏鴉相似；「雅烏」似慈烏而嘴較大，不知反哺者，性貪且凶，與今日大陸之達烏里寒鴉相近；「燕烏」白頸，似雅烏而大，又名鬼雀，近於今日之玉頸鴉；「山烏」似雅烏而小，赤嘴穴居者，可能就是楚國傳說中能銜火的火鴉。其中，只有玉頸鴉為不祥之鳥。

左上圖：玉頸鴉就是古代南方人認為不吉祥的鳥種。
左圖：由圖中巨嘴鴉群聚的情形，可以想像寒鴉萬點的場面。

古又名：鴻雁、曉鴻、葦雁
今名：雁

月黑雁飛高，單于夜遁逃。

欲將輕騎逐，大雪滿弓刀。

　　　　　───盧綸〈塞下曲〉

【另見】孟浩然〈秋登蘭山寄張五〉：相望始登高，心隨雁飛滅。
　　　　韋應物〈夕次盱眙縣〉：人歸山郭暗，雁下蘆洲白。
　　　　宋之問〈題大庾嶺北驛〉：陽月南飛雁，傳聞至此回。
　　　　王灣〈次北固山下〉：鄉書何處達？歸雁洛陽邊。
　　　　杜甫〈月夜憶舍弟〉：戍鼓斷人行，秋邊一雁聲。
　　　　杜甫〈天末懷李白〉：鴻雁幾時到？江湖秋水多。
　　　　李頎〈聽董大彈胡笳聲兼寄語弄房給事〉：嘶酸雛雁失群夜，斷絕胡兒戀母聲。
　　　　李白〈宣州謝朓樓餞別校書叔雲〉：長風萬里送秋雁，對此可以酣高樓。
　　　　李頎〈古從軍行〉：胡雁哀鳴夜夜飛，胡兒眼淚雙雙落。
　　　　孟浩然〈早寒江上有懷〉：木落雁南度，北風江上寒。
　　　　韓翃〈酬程延秋夜即事見贈〉：星河秋一雁，砧杵夜千家。
　　　　杜牧〈旅宿〉：寒燈思舊事，斷雁警愁眠。
　　　　許渾〈早秋〉：殘螢委玉露，早雁拂銀河。
　　　　馬戴〈灞上秋居〉：灞原風雨定，晚見雁行頻。
　　　　韋莊〈章臺夜思〉：鄉書不可寄，秋雁又南迴。
　　　　李頎〈送魏萬之京〉：鴻雁不堪愁裡聽，雲山況是客中過。
　　　　高適〈送李少府貶峽中王少府貶長沙〉：巫峽啼猿數行淚，衡陽歸雁幾封書。
　　　　劉長卿〈江州重別薛六柳八二員外〉：江上月明胡雁過，淮南木落楚山多。
　　　　白居易〈自河南經亂〉：弔影分為千里雁，辭根散作九秋蓬。
　　　　李商隱〈春雨〉：玉璫緘札何由達？萬里雲羅一雁飛。
　　　　溫庭筠〈蘇武廟〉：雲邊雁斷胡天月，隴上羊歸塞草煙。
　　　　溫庭筠〈瑤瑟怨〉：雁聲遠過瀟湘去，十二樓中月自明。

【類小檔案】

r fabalis

科

本科全世界有157種，台灣34種，大陸50種。豆雁的扁嘴黑色，先端內側橙色，腳橙色；頭至頸部暗茶褐色，背、胸至上腹茶褐色，羽緣及下腹至尾下覆羽白色，尾羽暗褐色，外側及末端白色，雌雄鳥相似。頸長腳短，趾間有蹼。主要棲息於湖泊、沼澤、河口、草原及農耕地帶。以水生的動植物為主食。性群棲，善飛成陣，有些種類於水面取食或倒立於水中覓食。飛行時，頸腳伸直，群飛時，會列隊成行，築巢於地面。

崔塗〈孤雁〉：「幾行歸塞盡，念爾獨何之？暮雨相呼失，寒塘欲下遲。渚雲低暗度，關月冷相隨。未必逢矰繳，孤飛自可疑！」及杜甫〈孤雁〉：「孤雁不飲啄，飛鳴聲念群。」均點出雁兒成群飛行的特性，並藉由詠雁來抒發詩人自己的孤獨失群；而顧非熊〈雁〉：「逐暖來南國，迎寒背朔雲。」及韋承慶〈南中詠雁詩〉：「萬里人南去，三春雁北飛。」則寫出這種候鳥有逐暖南飛及入春北返的現象；李世民〈賦得早雁出雲鳴〉：「晨浦鳴飛雁，夕渚集棲鴻。」所描寫的是鴻雁早晚成群棲息於河岸及沙洲的習性。

　　雁是古代最著名的候鳥，據傳湖南衡陽的回雁峰就是北雁南飛避寒的終點站。古人認為鴻雁可傳遞書信，常將書信繫於雁足之上，就是所謂的飛雁傳書，詩文中出現的「雁來稀」即指書信鮮至、音訊杳然之意。《漢書》提到遭匈奴扣留於北海（今貝加爾湖）十八年的蘇武，即因漢使謊稱漢明帝打獵時意外在雁足上發現蘇武的帛書，匈奴才不能假託蘇武已死，蘇武才得以如願歸國。後來詩文中便用雁書、雁信、雁聲、雁足、魚雁等代稱書信及音訊。

　　雁群飛行時為了減低氣流阻力，會排成「人」字形，傳統以雁行、雁序形容，並用以引喻兄弟有序或兄弟相親。

左上圖：南遷逐暖的豆雁有雁字初成的架勢，以減少氣流中的阻力。
左圖：停棲在草地的豆雁，是傳說中所謂衡陽雁的一種。

【雲中鳥

古又名：天鸙[1]
　　　　天鷚[2]
今名：雲雀

惠好交情重，辛勤世事多。荆南[3]久為別，薊北[4]遠來過。

寄目雲中鳥，留歡酒上歌。影移春復間，遲暮兩如何。

―――――張説〈幽州別陰長河行〉

【註解】1. 鸙：音月。
　　　　2. 鷚：音六或聊。
　　　　3. 荆南：唐朝方鎮之一，今湖北江陵縣。
　　　　4. 薊北：泛指今北京市及河北北部、遼寧西南一帶。

【另見】李白〈估客行〉：譬如雲中鳥，一去無蹤跡。

【顆小檔案】

da gulgula

科

本科全世界91種，台灣1種，大陸13種。雲雀之頭羽黃褐色，有黑色縱斑，後頭羽毛略長，呈冠羽狀。眉斑黃白色，耳羽栗褐色，喉黃褐色，腹以下黃褐色，腳細長，後爪甚長。主要棲息於開闊平原、曠野、山坡草地、農田和溪流沿岸草叢地帶。常於地面活動，善奔跑。喜鳴唱，鳴叫時常豎起冠羽，或直衝上空，邊飛邊鳴，並於空中定點振翅鳴唱，鳴聲清脆。食物主要為雜草種籽、嫩芽、幼根等，繁殖期會吃昆蟲。營巢於地上草叢凹處。

中國的詩歌作品中甚少明白提到雲雀這個鳥名，北朝樂府〈慕容家自魯企由谷歌〉：「郎非黃鷦子，哪得雲中雀？」是少數的例外。

《爾雅》說鷚即天鸙，又解釋：「大如鷃雀，色似鶉，好高飛作聲。今江東名之曰天鸙。」可見古人是將鶺鴒科中的鷚屬置入百靈科中，混淆的原因是兩者羽色相近，且都邊飛邊鳴，高飛入雲。《三才圖會》則稱雲雀為告天子，並描述：「告天子，褐色似鶉而小，海上叢草中多有，黎明時天晴霽，則且飛且鳴，直上雲端，其聲連綿不已。」詳盡論述雲雀這種鳥類的特性，該書將告天子納入「異鳥」部中，可見古人對於這種鳥兒的認識並不普及。

雲雀喜群集在開闊的草原奔跑，鳴聲柔美嘹亮，受驚時，常會驟然自地面垂直地衝向天空。繁殖季時，會飛升到一定高度，稍微浮翔於空中，定點振翅，高唱入雲，因此才有「告天鳥」或「朝天柱」之稱。當體力放盡之後，兩翅會突然折攏而直直飛落於地面。

由於雲雀有高飛習性，因此唐詩中所謂的「高鳥」也可能是指雲雀而言，例如張九齡〈感遇〉：「持此謝高鳥，因之傳遠情」、齊己〈送劉秀才南遊〉：「高鳥隨雲起，寒星向地流」及張喬〈七松亭〉：「七松亭上望秦川，高鳥閒雲滿目前」等。

左上圖：草原上的雲雀隨時準備盤空鳴叫以求偶，古人視之為告天鳥。
左圖：停棲在石頭上的雲雀，有明顯的冠羽，呈警戒狀態。

【黃鶯

古又名：鶯、黃鳥
今名：綠繡眼等

打起黃鶯兒，莫教枝上啼。

啼時驚妾夢，不得到遼西[1]。

————金昌緒〈春怨〉

【註解】1.遼西：遼河以西，今遼寧省西部，泛指唐人從軍的東北邊防重地。

【另見】白居易〈琵琶行〉：間關鶯語花底滑，幽咽泉流水下灘。
　　　　杜甫〈別房太尉墓〉：惟見林花落，鶯啼送客聞。
　　　　岑參〈奉和賈至舍人早朝大明宮〉：雞鳴紫陌曙光寒，鶯囀皇州春色闌。
　　　　皇甫冉〈春思〉：鶯啼燕語報新年，馬邑龍堆路幾千。
　　　　杜牧〈江南春〉：千里鶯啼綠映紅，水村山郭酒旗風。
　　　　令狐楚〈思君恩〉：小苑鶯歌歇，長門蝶舞多。

【□小檔案】
□眼
□rops japonica
□科

本科全世界有94種，台灣2種，大陸3種。綠繡眼身長約11公分，黑嘴小而尖，背羽黃綠色，眼黑色，眼周圍有白圈，故名。喉黃色，胸、腹污白色，尾下覆羽黃色，雌雄鳥羽色相似。善鳴唱，聲音細碎婉轉。常成群穿梭於平地至低海的樹林邊緣及公園地帶，能倒懸身軀以啄食昆蟲或吸食花蜜，飛行與移動迅速，常常只聞其聲而難見其形。築巢於樹椏間。

古人常常將鶯與黃鸝（見48頁）相混，原因大概是古人多以聲音或羽色來辨別鳥類，因此容易產生混淆。由今日的鳥類學知識得知，黃鸝科的鳥類飛行能力強，常成雙活動，大約是在春夏之交時出現；而黃鶯這類屬於繡眼鳥科與畫眉科的鳥類全是留鳥，一年四季都可見到，飛行能力差，可以見到牠們成群或混種一起覓食，而形成「流鶯」現象。

杜牧〈江南春〉「千里鶯啼綠映紅，水村山郭酒旗風」二句曾引起評論界爭議，首先是明朝詩評家楊慎提出質疑：「千里鶯啼，誰人聽得？千里綠映紅，誰人見得？若作十里，則鶯啼綠紅之景，村郭樓台、僧寺、酒旗，皆在其中矣！」清朝何文煥則說，就算是將「千里」改作「十里」，也未必聽得著看得見，既然題目是〈江南春〉，江南地廣千里，千里之中處處有鶯啼與綠映，並不專指一處，為的就是泛說整個江南景色。

若從鳥類學的角度來觀察，可知這是詩人如實描寫出這些鳥類喜歡成群活動的特性，牠們一般是好幾種鳥兒群體活動及覓食，直到覓食不到昆蟲或果實，才會快速從這棵樹流竄到那棵樹或從山野移轉到近人煙處，如此便形成了壯觀的流鶯現象。李商隱〈流鶯〉：「流鶯漂蕩復參差」及孫魴〈柳〉：「亂穿來去羨黃鶯」就是描寫此現象的代表詩篇。

左上圖：繡眼畫眉是山林間最常見的「流鶯」。
左圖：綠繡眼喜歡成群穿梭於公園、樹林間覓食。

【黃鸝

古又名：黃鳥、倉庚、
　　　　鵹[1]黃、楚雀等
今名：黃鸝

獨憐[2]幽草澗邊生，上有黃鸝深樹鳴。

春潮帶雨晚來急，野渡無人舟自橫[3]。

——————韋應物〈滁州西澗〉

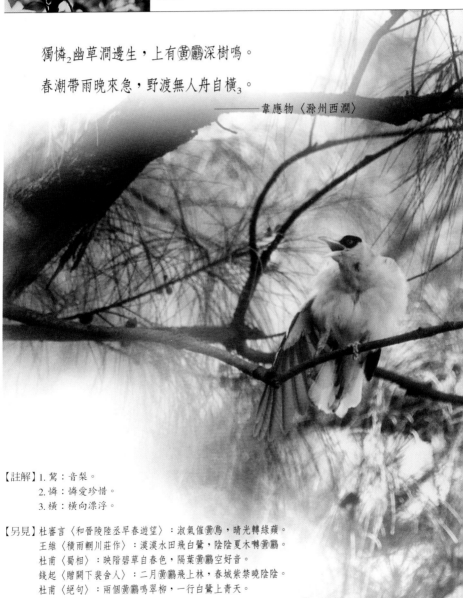

【註解】1. 鵹：音梨。
　　　　2. 憐：憐愛珍惜。
　　　　3. 橫：橫向漂浮。

【另見】杜審言〈和晉陵陸丞早春遊望〉：淑氣催黃鳥，晴光轉綠蘋。
　　　　王維〈積雨輞川莊作〉：漠漠水田飛白鷺，陰陰夏木囀黃鸝。
　　　　杜甫〈蜀相〉：映階碧草自春色，隔葉黃鸝空好音。
　　　　錢起〈贈闕下裴舍人〉：二月黃鸝飛上林，春城紫禁曉陰陰。
　　　　杜甫〈絕句〉：兩個黃鸝鳴翠柳，一行白鷺上青天。

【鳥類小檔案】
黃鸝
us chinensis
科

本科全世界29種，台灣2種，大陸5種。主要分布於歐、亞、非、澳各洲的溫帶和熱帶地區，體型適中，身長約26公分。大多羽色鮮豔，有粗厚的桃紅嘴，先端略向下彎，雄鳥全身黃色，有黑色的粗長過眼線延伸至後頭，翼羽內側及尾羽黑色為主，尾羽外緣黃色。常單獨或成對出現於平地至低海拔之樹林中上層，以植物果實、昆蟲為主食。鳴聲宏亮，婉轉多變，常兩兩呼應鳴叫。飛行力甚強，呈波浪狀，築巢於樹梢。

黃鸝一名鶬黃或黃鳥，以其頭羽鷚黑、體羽黃色而得名，為江南一帶普遍可見的鳥兒，因此北人又稱之為楚雀。《格物總論》中有這種鳥兒的記載：「黑尾，嘴尖紅，腳青，遍身甘草黃色羽，及尾，有黑毛相間。三四月鳴，聲音圓滑。」這番見解較之今日野鳥圖鑑之說明，絲毫不遜色。

黃鸝在桑椹熟時會往來於桑間，俚語「黃鸝留，看我麥黃椹熟」，指出黃鸝為應節趨時的候鳥，鳴叫時正是蠶生之時，可提醒婦女蠶事方興，切勿怠惰。

自古以來的詩人或學者，多將所有的黃鳥、黃鶯（見46頁）與黃鸝混為一談，例如《爾雅翼》〈倉庚〉引用《禽經》「鶯鳴嚶嚶」，來解釋《詩經》〈小雅〉「倉庚喈喈，采繁祁祁」及「伐木丁丁，鳥鳴嚶嚶」中所說的鳥大概是黃鶯無疑，以致後人將黃鸝與黃鶯二者混淆。此外，朱熹也認為《詩經》〈周南‧葛覃〉所載的「黃鳥于飛，集于灌木，其鳴喈喈。」的黃鳥同樣是黃鸝。其實，黃鳥若是三五成群，比較有可能是黃鸝，若是成千上百隻出現，則未必是黃鸝。

由於古時受限於野外觀測的資訊無法有效地加以解讀，因此連明朝李時珍也誤以為冬月期間不見蹤影的黃鸝，係躲伏於土中或田裡之故。其實這是因為大陸地區的黃鸝大多為夏候鳥，在寒冷的冬天會南飛避寒，並非真的遁入土中冬眠。

左上圖：黃鸝常躲在樹林上層，不鳴叫時不易觀察。
左圖：羞怯的黑枕黃鸝常躲在樹葉深處，以悅耳的鳴聲呼喚伴侶。

【鳩】

古又名：搏穀、鵓鴣₁等
今名：斑鳩

吏舍跼₂終年，出郊曠清曙₃。楊柳散和風，青山澹吾慮。

依叢適自憩，緣澗還復去。微雨靄芳原，春鳩鳴何處？

樂幽心屢止，遵事₄跡猶遽₅。終罷₆斯結廬，慕陶直可庶₇。

――――韋應物〈東郊〉

【註解】1. 鵓鴣：音脖浮。
2. 跼：音局，拘束。
3. 清曙：清晨。
4. 遵事：遵守公務規定。
5. 跡猶遽：指行跡還不能放鬆自適。
6. 終罷：終有一日會辭官歸隱。
7. 慕陶直可庶：羨慕陶潛結廬而隱的心願就可達成。

【另見】元稹〈春鳩〉：春鳩與百舌，音響詎同年。
李白〈白鳩辭〉：白鳩之白誰與鄰，霜衣雪襟誠可珍。
李端〈題元注林園〉：乳鵲晬巢花巷靜，鳴鳩鼓翼竹園深。
韓愈〈過南陽〉：行子去未已，春鳩鳴不停。
張籍〈山中酬人〉：山中日暖春鳩鳴，逐水看花任意行。
溫庭筠〈早春灄水送友人〉：鴨臥溪沙暖，鳩鳴社樹春。

【鳩小檔案】
斑鳩
topelia chinensis
科

本科全世界308種，台灣12種，大陸31種。珠頸斑鳩體型肥胖，身長約30公分，暗褐色的細嘴先端呈小鉤狀，頭小，鼠灰色，短腳紫紅色，後頸至頸側黑色，上有白色斑點。背至尾羽灰褐色，尾羽外側黑色，末端白色，翼淡褐，羽緣稍淡，腹面淡葡萄紫，脅淺灰色。常發出咕-咕咕之聲。雌雄鳥相似。主要棲息於平地至低海拔的樹林中，在地面或樹上覓食，以穀類種子、果實為主食。性群棲，直線飛行快速，多築巢於樹上。

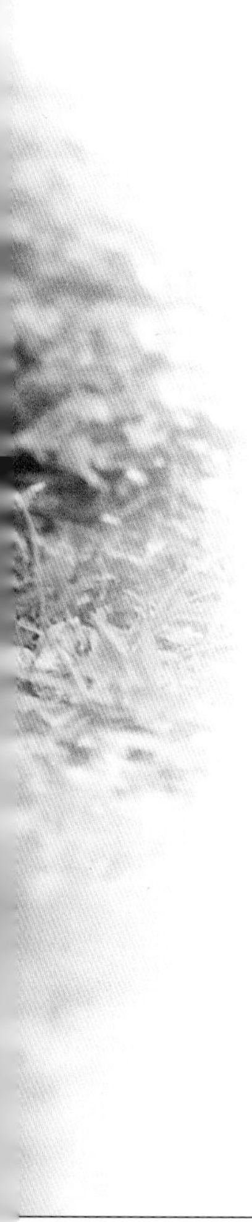

古代以鳩為名的鳥兒種類繁多，《爾雅》早已明白指出「鳩類非一」，其名眾多。所謂的種類繁多，不僅僅是鳥種多，還涵括不同科屬的鳥類。《全唐詩》共有六十三首詩提及鳩，而本篇所要介紹的，主要是與我們今日所見的「斑鳩」同類的鳥種。

《禽經》張華注指出，斑鳩的「斑」一作班，有次序之意。據傳斑鳩母鳥哺育一群幼雛時，為了公平起見，如果早晨是由上而下餵食，黃昏時則改由下而上餵食，故名「班鳩」。陸璣則說斑鳩的體型，比起灰色而頸上無繡紋的鵓鳩來得大，由於其頸項上有繡紋斑斑，因此而得名。以上所說的斑鳩屬於小種鳩，《詩經》〈曹風・鳲鳩〉篇：「鳲鳩在桑，其子七兮」中提到的「鳲鳩」就是這種鳥兒，蘇轍注云：「鳲鳩之哺其子，平均如一。」此外，這種斑鳩也屬於「一宿之鳥」，專一於所宿之木，甚少移棲他樹，因此被視為誠實篤厚及孝順之鳥。

斑鳩又有桑鳩、乳鳩、鵓鳩、撥穀、孚鳩等十多個別稱。李時珍總括說「鳩」、「鵓」是象其聲，而「斑」、「錦」是指其羽色而言。除錦斑外，還有灰羽者，體型上也有大、小之分。其中，灰色的小鳩及斑點如梨花的大鳩不善鳴，只有頸項下有真珠斑的斑鳩聲大且善鳴，可以用作鳥媒以誘捕野鳩，中醫也常用以入藥及食補。

左上圖：金背鳩與紅鳩群也是今日常見的鳩類。
左圖：珠頸斑鳩是斑鳩的典型代表。

【

古又名：鷖₂、野鴨、寇鳧、刁鴨等
今名：磯雁等

糁徑₃楊花鋪白氈，點溪荷葉疊青錢。

筍根稚子₄無人見，沙上鳧雛傍母眠。

　　　　　　　　　──杜甫〈漫興〉

【註解】1. 鳧：音服。
　　　　2. 鷖：音醫。
　　　　3. 糁徑：糁音傘，米和羹一起煮的食物。糁徑指花與泥相雜之小徑。
　　　　4. 稚子：指筍根初出之嫩芽。

【另見】杜甫〈江亭送眉州辛別駕升之〉：沙晚低風蝶，天晴喜浴鳧。
　　　　杜甫〈涪城縣香積寺官閣〉：小院迴廊春寂寂，浴鳧飛鷺晚悠悠。
　　　　駱賓王〈在軍中贈先還知己〉：落雁低秋塞，驚鳧起暝灣。
　　　　許渾〈廣陵道中〉：山暝牛羊少，水晴鳧雁多。
　　　　馬戴〈秋思〉：亭樹霜霰滿，野塘鳧鳥多。
　　　　孟郊〈杏殤〉：豈若沒水鳧，不如拾巢鴉。
　　　　張籍〈寒塘曲〉：寒塘沈沈柳葉疏，水暗人語驚棲鳧。

【頁小檔案】

a ferina
科

本科全世界157種，台灣34種，大陸50種。潛鴨屬體型中等，世界有12種，台灣5種，大陸5種。嘴扁平，位於身體後方的兩腳強而有力，更適於潛水覓食。磯雁的嘴鉛色，腳灰黑色，雄鳥頭至頸栗紅色，眼紅色，胸黑色，背、腹及脅淡灰色，有細斑；雌鳥頭至胸為暗褐色，眼黑色，其餘部位羽色與雄鳥相近。主要棲息於湖泊、沼澤、河口、草原及農耕地帶，以水生的動植物為主食。性群棲，善泳、善飛及善潛，築巢於地面。

莊子曾有「鶴長鳧短」之說，指出了鳧雁類鳥兒腳短的特徵。李時珍說「鳧」字取其「短羽高飛」之意，遍布於東南地區的江海湖泊中，特徵是「肥而耐寒」。王充甚至將鳧鳥善飛的能力，與傳說每天運行二萬六千里的日月相比。

《方言》曾提及江東有善飛的小鳧，喜群聚水中，俗謂之「冠鳧」，所指應是澤鳧。而朱熹注《詩經》云鳧「水鳥，如鴨，青色，背上有紋」，指的則是鵁鴨而言。由於鈴鴨與澤鳧形色相近，所以唐詩提及的鳧鳥，並非全部是指今日磯雁等澤鳧類的候鳥，還有不少是其他雁鴨科鳥類，與本篇所述鳧鳥不同。

據唐朝詩人陸龜蒙的經驗指出，孟冬十月的夜裡，水田附近的房舍往往可以聽到類似暴雨疾至的聲音，一晚數次。破曉後去田裡察看，才發現是鳧驚蔽天而來，大量啄食田禾。當時農民習慣用黏藥塗在江邊的叢草枝上來誘捕，受困而振翼難飛的鳧雁，可以讓其他鳧雁望而卻步。江南的湖澤地區，則在水面架起羅網來捕捉鳧雁，落網的數目多達成千上百隻。其實，《周書》早就記載江南地區每年上貢萬頭野鳧，以及用鳧羽製旗等事；魏文侯更是嗜食晨鳧。

鳧雁一類的水鳥經常在晨間群飛尋找覓食地點，又善於潛沒水中，隨波浮沉，動作優美閒靜，所以受到歷代道家或隱士所詠羨。

左上圖：中國早在先秦時就已利用成千上萬的鳧羽製成旌旗。
左圖：磯雁這類腹脅白色的鳧雁，善潛善飛，潛則入水捕食，飛則蔽天。

【翠鳥

古又名：鴗₁、翡翠、魚
今名：翠鳥、魚狗

孤鴻海上來，池潢₂不敢顧。側見雙翠鳥，巢在三珠樹。

矯矯₃珍木巔，得無金丸₄懼？美服患人指，高明逼神惡。

今我遊冥冥，弋者₅何所慕？

—————張九齡〈感遇〉

【註解】1. 鴗：音立。
　　　　2. 潢：潢，音黃，積水池。
　　　　3. 矯矯：高危貌。
　　　　4. 金丸：打鳥用的彈珠。
　　　　5. 弋者：弋，音意；弋者，打鳥者。

【另見】李白〈長干行〉：鴛鴦綠蒲上，翡翠錦屏中。
　　　　陳子昂〈感遇〉：翡翠巢南海，雄雌珠樹林。
　　　　杜甫〈曲江對酒〉：江上小堂巢翡翠，苑邊高塚臥麒麟。
　　　　李洞〈宿成都松溪院〉：翡翠鳥飛人不見，琉璃缾貯水疑無。
　　　　皮日休〈習池晨起〉：數聲翡翠背人去，一番芙蓉含日開。
　　　　陸龜蒙〈寄懷華陽道士〉：掠岸驚波沈翡翠，入簷斜照礙蜻蜓。
　　　　許渾〈溪亭二首〉：蟬響螳螂急，魚深翡翠聞。
　　　　劉希夷〈江南曲八首〉：春洲驚翡翠，朱服弄芳菲。
　　　　齊己〈湖上逸人〉：滄蕩光中翡翠飛，田田初出柳絲絲。

【頹小檔案】

do atthis
-科

本科全世界93種，台灣4種，大陸11種，分布於世界各地。雄翠鳥的黑嘴粗厚長尖，短腳為紅色。頭頂至後頸及兩翼暗綠色，且有藍色光澤，密布淡藍色斑點。背至尾藍色而有光澤。眼先至耳羽則為橙紅色。喉白色，胸腹橙色。雌鳥不同處是下嘴基部為紅色。飛行時常發出似金屬敲擊的細碎聲，主要棲息於平地至低海拔之河川、溪流一帶，常守在溪流邊，定點振翅後躍入水中捕食魚蝦，於岸邊土牆挖道穴，再鋪以草類為巢。

古籍中常常拿燕子來比擬翠鳥的身形，有時還與鶖鶘及鷁混淆。晁以道在〈賢奕〉篇說，水岸常出現兩種鳥，一種是畫水求魚的鶖鶘（見80頁），另一種鳥終日凝立水際，等游魚浮出水面時，再定點振翅俯衝捕食。這種鳥兒就是翠鳥。

《爾雅》說翠鳥原稱為「鴗」，意為站在水邊守候魚群的鳥兒，飲啄於澄瀾洄淵之側，體型小，羽色青翠，足短而紅，食魚為主。羽毛可用來裝飾幃帳，王公之家的貴婦人則用作首飾，美麗的翠羽可值千金。

翠鳥又名「青翰」或「青莊」，因為善於捕魚，又稱為魚狗、魚師或魚虎。李時珍指出，鳥有狗、虎、師等噬物之獸的別稱，是因為此鳥對魚有害，所以得名。詩文中又稱翠鳥為翡翠，不過《說文解字》則細分說翡指赤尾雀，翠指青羽雀。一說赤而雄者曰翡，青而雌者曰翠；或說翠小而色深青，食魚為主，翡大而色青淺，無光彩，林棲而不食魚。後人則多以翡翠來泛稱捕魚鳥。對於翠鳥的生態觀測，古人已知道牠築巢鑿穴於土岸中，也發現有紅喙白頂的黑頭翡翠，喜歡到池塘中竊魚而食；更有體羽斑白的冠魚狗或斑魚狗，屬於以魚蝦為食的水棲性翠鳥。

關於翠鳥的習性，唐朝詩人錢起在〈藍田溪雜詠二十二首衛魚翠鳥〉中描寫得甚為傳神：「有意蓮葉間，瞥然下高樹。擘波得潛魚，一點翠光去。」

左上圖：停棲在溪邊橫枝上的翠鳥，是詩畫中常見的主角。
左圖：從定點躍入水中捕魚，準備回到岸上享受美食的翠鳥。

古又名：鸑、瑞鷁₁、鷫鷞₂、鶠₃、鳳皇、
朱鳥等
今名：鳳凰、鸑鷟

昨夜星辰昨夜風，畫樓西畔桂堂東。

身無彩鳳雙飛翼，心有靈犀一點通。

隔座送鉤₄春酒暖，分曹射覆₅蠟燈紅。

嗟余聽鼓應官去，走馬蘭臺₆類轉蓬。

────李商隱〈無題〉

【註解】1. 鷁：音掩。
　　　　2. 鷫鷞：音越濁。
　　　　3. 鶠：音淵。
　　　　4. 送鉤：古時喝酒時玩的遊戲，用以勸酒。
　　　　5. 分曹射覆：分組比賽猜謎或玩連字遊戲。
　　　　6. 蘭臺：御史臺。

【另見】李頎〈聽安萬善吹觱篥歌〉：枯桑老柏寒颼飀，九雛鳴鳳亂啾啾。
　　　　杜甫〈寄韓諫議〉：玉京群帝集北斗，或騎麒麟翳鳳皇。
　　　　杜甫〈古柏行〉：苦心豈免容螻蟻，香葉終經宿鸞鳳。
　　　　韓愈〈石鼓歌〉：鸞翔鳳翥眾仙下，珊瑚碧樹交枝柯。
　　　　李白〈長相思〉：趙瑟初停鳳凰柱，蜀琴欲奏鴛鴦絃。
　　　　李白〈登金陵鳳凰臺〉：鳳凰臺上鳳凰遊，鳳去臺空江自流。
　　　　唐玄宗〈經鄒魯祭孔子而歎之〉：歎鳳嗟身否，傷麟怨道窮。
　　　　王維〈奉和聖製從蓬萊向興慶閣道中留春雨中春望之作應制〉：雲裡帝城雙鳳闕，雨中春樹萬人家。

【頭小檔案】
雉
ianus colchicus

本科全世界有155種，台灣7種，大陸59種。環頸雉雄鳥頭至頸部為深綠色，具有光澤，頭頂略帶褐色，有冠羽，後頸有白環，背羽栗褐色，雜有黃褐色羽毛及黑縱斑；腰、尾上覆羽黃褐色，灰褐色的長尾上有黑褐色條斑，上翼為栗褐色，下翼為灰褐色；胸栗紅色且有褐色鱗斑，腹部暗褐色。雌鳥全身大致為淡黃褐色，背上多褐斑，尾羽略有栗褐色。棲息於平地至山腳下及河岸的草原地帶，喜於乾燥之草叢間活動、覓食。在地面以枯葉築巢。

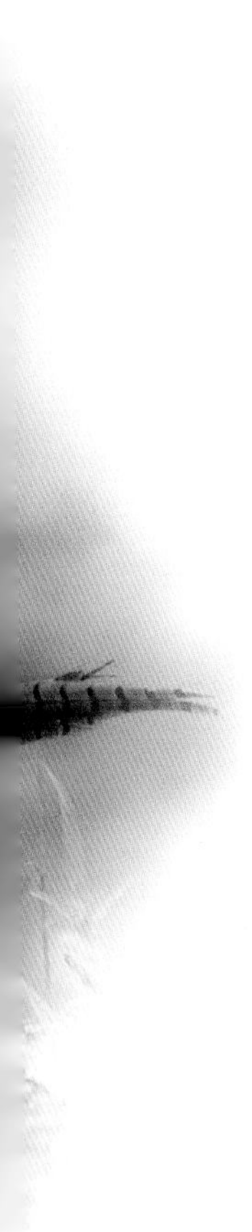

自古鳳凰即為仁瑞吉祥的象徵，與麟、龜、龍合稱為四靈。其中雄者為鳳而雌者為凰，不過由於後人常龍鳳並提，於是鳳逐漸轉變為雌性。

古人相信鳳凰是可以上通神界的靈鳥，一旦鳳凰現身，即為祥瑞之兆。漢朝盛行陰陽五行之說，以鳳凰配位南方，稱為赤鳥，更是充滿了神祕色彩。《爾雅翼》即指出，由於好事者的附會與誇大，鳳凰原貌已不可得。典籍中對於鳳凰形貌的描寫多不相同，例如《爾雅》引緯書說鳳凰「雞頭、蛇頸、燕頷、龜背、魚尾」，是一種高六尺、身披五彩的鳥兒。

《莊子》說鳳凰非梧桐不棲、竹實不食、甘泉不飲。《說文》以鳳凰為神鳥，說牠飛時有成千上萬的群鳥跟隨左右，因此又有鳥王之稱。《山海經》說鳳凰「其狀如雞，五采而文」，外形似雞又有五彩羽毛，看來與現今的野雉十分相近。該書又說鳳凰會自歌自舞，這點也與山雉的特性相近，據說戰國時就曾有楚人以山雉冒充鳳凰。唐朝詩人羅隱的看法則是「山雞無靈，買之者謂之鳳」，表示二者的差別只在於具有靈性與否而已。

廣東陽江縣還有一種「鳳凰杯」。據說鳳凰就築巢在當地北甘山的千仞飛瀑之上，以蟲魚為食，風雨大作時，鳳雛也會意外墜死。其中體型小的看來與鶴無異，只是腳較短，截取其嘴製杯，就是「鳳凰杯」。

左上圖：五色的環頸雉雄鳥是鳳鳥的原型。
左圖：傳說中的鳳與凰，長相與圖中的環頸雉相似。

【鵃

古又名：運日鳥、酖、同力鳥、擅雞
今名：蛇鵰、大冠鷲等

飲鵃非君命，茲身亦厚亡$_2$。江陵從種橘，交廣合投香。

不見千金子，空餘數仞牆。殺人須顯戮$_3$，誰舉漢三章$_4$。

————李商隱〈故番禺侯以贓罪致不辜事覺母者他日過其

【註解】1. 鵃：音鎮。

　　　2. 厚亡：語出《老子》：「多藏必厚亡。」意為積聚愈
　　　　多，損失愈大。

　　　3. 顯戮：公然殺害。

　　　4. 漢三章：指漢高祖入關中約法三章之一的殺人者死。

【另見】白居易〈效陶潛體詩十六首〉：蝮蛇與鵃鳥，何得壽延長。

　　　白居易〈送客南遷〉：穴掉巴蛇尾，林飄鵃鳥翎。

　　　李商隱〈中元作〉：有娀未抵瀛洲遠，青雀如何鵃鳥媒。

【頁小檔案】
鴆
rnis cheela
科

本科全世界有236種，台灣23種，大陸46種。嘴尖彎曲成鉤狀，翼寬大而圓，善於飛翔，腳和趾強而有力，趾具鉤爪。性凶猛，雌鳥體型大於雄鳥。其下細分出一類專門獵食爬行類（尤其是蛇類）的蛇鵰。身長70公分，翼展123-155公分。除翱翔於高空外，也穿梭在密林中或定點捕食爬行類，偶爾也吃小型哺乳類及鳥類。台灣與大陸的大冠鷲就是典型的蛇鵰，頭上有黑色冠羽，上有白斑，暗褐色的後頸及背部有紫色光澤。

郭璞云：「鴆大如鵰，長頸赤喙，食蛇。」《爾雅翼》釋鴆「毒鳥也，似鷹而大如鴉也。」李時珍也引述楊廉夫的話，說鴆築巢於南方之山巖大木中，狀似貓頭鷹，聲如擊腰鼓，與鷾鷹無異。由此可推斷這種歷來令人毛骨悚然的毒鳥，其實就是蛇鵰一類食蛇的猛禽。

《抱朴子》說鴆鳥嗜吃蛇，南方人入山工作時，都會帶著鴆鳥之喙，以辟蛇吻。萬一遭到毒蛇攻擊，可在鳥喙上刮出粉末來塗抹傷口，就能馬上痊癒。

鴆鳥盤空時似是繞日而轉，因此又稱為「運日」。李時珍引述有一種產於南海的白鴆，形似雞而高三尺，鳴聲狀似「同力」，故名「同力鳥」，此鳥可察知躲伏於巨石大木間的毒蛇而伺機捕食。其屎溺會使所觸之石腐爛如泥，因此傳說凡是鴆鳥飲過的水池，百蟲飲之必死無疑；若有人誤食其肉，也會立即暴斃。

據說以鴆毛沾酒可製成毒酒，春秋時晉獻公的寵妃驪姬即製鴆酒來毒殺太子申生。穆王時，還曾杖罰呈獻鴆鳥者，並下令將鴆鳥於大街上當眾焚燒。古籍中類似的記載不少，可見古人對於鴆鳥的忌諱及恐懼。

鴆鳥嗜蛇，是否就身懷劇毒？唐朝無能子〈鴆說〉認為鴆鳥與毒蛇纏鬥時，蛇毒難免會噴染到鴆羽上，而使有心者用鴆毛沾酒來殺人。古人蘇恭也指出，鴆鳥毛羽沾酒能殺人之說，只是無稽之談。

左上圖：這就是鼎鼎大名的蛇鷲，停棲在枯枝上，令人聞聲震懾。
左圖：大冠鷲也會在樹林濃密處定點捕食爬蟲類。

【駝鳥

古又名：駝雞、骨托禽
今名：駝鳥

秋浦₁錦駝鳥，人間天上稀。

山雞羞淥₂水，不敢照毛衣。

　　　　　————李白〈秋浦歌十七首之三〉

【註解】1. 秋浦：縣名，以其地有秋浦水而得名，
　　　　　即今安徽貴池縣。
　　　2. 淥：音路，清澈。

【駝鳥小檔案】

Struthio camelus

科

全世界只有1種，亞洲種已絕跡，目前只分布於非洲地區。駝鳥是世界最大與最重地棲鳥類，平均身高250公分，不會飛翔，翼羽與尾羽蓬鬆下垂，腿長而健，擅於奔跑，最高時速可達64公里。雄鳥以黑羽為主，灰頸，羽翼白色，尾粟褐色；雌鳥全身褐色，翼淺白色，灰頸。主要棲息在沙漠及草原等開闊地帶，喙扁平，以植物的莖葉花果為食。雌雄親鳥共同哺育幼雛。

唐詩中只有李白這首詩提到鴕鳥，可能是李白出生塞外，所以見聞廣闊的緣故。《唐書》記載邊疆的吐火羅國曾獻大鳥，並指出其俗稱為「駝鳥」。唐朝開元初年，也有外賓進貢形似「火雞」的鳥類，當時的描述如下：「大於鶴，長三四尺，頸足亦似鶴，銳嘴，軟紅冠，毛色如青羊足，二指利爪能傷人腹致死，食火炭，諸書所記，稍有不同，實皆一物也。」由此可知，古人係將今日區分為鴕鳥、食火雞等大型不擅飛的鳥類統歸為一類。

古籍提及鴕鳥時，鴕字均用「駝」字，例如《魏書》的波斯國傳中早就提到該國有一種鳥的外形酷似「橐駝」，因而取名為駝鳥，並指出此種鳥有兩翼，不能高飛，以草與肉為食。後人因為另有鳥部的「鴕」字，才逐漸以此字取代古籍的「駝」字。而這種鴕鳥應該就是今日已絕跡的亞洲種鴕鳥。

古籍中類似的記載不少，例如《瀛涯勝覽》說阿丹國與祖法兒國產有青花白駝雞及山駝雞，後者扁頸雞身，外形似鶴（見90頁），長三四尺，腳二指，毛如駝，行亦如駝，故喚「駝雞」。《本草綱目》引陳藏器之語指出：鴕鳥長得跟駱駝一樣，高七尺，足如橐駝，鼓翅而行，能日行三百里；而據郭義恭《廣志》云：「安息國進貢大雀，雁身駝蹄，蒼色，舉頭高七八尺，張翅丈餘，食大麥，其卵如甕，其名駝鳥。」

左上圖：鴕鳥在唐朝時還有亞洲的品種，後來便絕跡了。
左圖：鴕鳥因為外形像駱駝而得名。

古又名：鳦₁、神女、天女等
今名：燕子

朱雀橋₂邊野草花，烏衣巷₃口夕陽斜。

舊時王謝₄堂前燕，飛入尋常百姓家。

──────── 劉禹錫〈烏衣巷〉

【註解】1. 鳦：音以。
2. 朱雀橋：東晉時建於秦淮河上的浮橋。
3. 烏衣巷：今江蘇南京市秦淮河南，爲當日吳國軍營所在地。當日吳兵皆穿烏衣，故名。
4. 王謝：東晉時，王、謝二氏是當日豪族，以王導、謝安爲代表，都住在治安最好的烏衣巷內。

【另見】韋應物〈長安遇馮著〉：冥冥花正開，颺颺燕新乳。
皇甫冉〈春思〉：鶯啼燕語報新年，馬邑龍堆路幾千。
沈佺期〈獨不見〉：盧家少婦鬱金香，海燕雙棲玳瑁梁。
盧綸〈塞下曲〉：鷲翎金僕姑，燕尾繡蝥弧。
白居易〈燕詩示劉叟〉：梁上有雙燕，翩翩雄與雌。

【□小檔案】

□do rustica

本科全世界90種，台灣6種，大陸11種，分布於世界各地。體型小，身長10-17公分，飛行輕捷。短嘴寬而平，呈三角形，翅狹長，尾多分叉，體羽以黑褐色為主，常具金屬光澤。雌雄鳥的羽色相似，棲息於岩崖、建物、電線等處，靠飛行捕食昆蟲，鳴聲細弱而節奏快。多在岩崖或建物的掩蔽處以泥丸混合草莖等砌成碗狀或瓶狀巢，少數於沙岸穿穴為巢。多為候鳥，是著名食蟲益鳥。民間視為補品的燕窩，則是雨燕科的金絲燕以唾液築成。

燕子因為羽色烏黑，而有「玄鳥」一名。《月令》云：「仲春之月，玄鳥至；仲秋之月，玄鳥歸。」更精確來說，是「春分之日，玄鳥至；白露又五日，玄鳥歸。」春分約當陽曆三月廿日前後，白露則在陽曆九月七日前後。這種春去秋來的夏候鳥，其實就是常見的家燕等燕科或雨燕科的鳥類。

　　古人尚無清晰的候鳥觀念，因此常會誤以為夏季一過，燕子就像許多動物冬眠般，蟄伏於幽僻的山林、岸邊或遁入水中，而且毛羽盡落，並說這種鳥「不以中國為居」。李時珍也說燕子「春社來，秋社去」，來時銜泥築巢於屋宇之下，去時則伏氣蟄於窟穴之中或井底。

　　燕子遷徙時，多在風雨來臨前抵達，因此傳說燕子能「興波祈雨」，所以又號「游波」。民間相傳若能見到白燕，主生貴女，燕子因名「天女」。這種白燕，在仙經道書中稱為「肉靈芝」，吃了可以延年益壽。

　　燕子到來之時，為萬物滋長的春天「開生之候」，所以楚國民俗認為，燕子初來之時，若能用雙筷擲中入室之燕，可令人有子嗣。至於《酉陽雜俎》所說，凡是狐、貉、鼠等獸類，見燕則脫毛，其實是節候因素，因為春來燕至，正是獸類換毛之時。

　　成語中有所謂的「燕安鴆毒」之戒，以燕子築巢之處安定少變，來警惕世人久耽於安逸必生災。

左上圖：洋燕除了沒有黑領羽外，外形與家燕相似。
左圖：築巢於簷間，正在餵雛的家燕。牠們在春天穿柳過戶銜泥築巢。

【鴨】

古又名：匹、舒鳧[1]、鶩[2]
今名：綠頭鴨

七尺青竿一丈絲，菰[3]蒲葉裡逐風吹。

幾回舉手拋芳餌，驚起沙灘水鴨兒。

————李群玉〈釣魚〉

【註解】1. 鳧：音服。

2. 鶩：音物。

3. 菰：音姑，生長在淺水中的多年生草本植物。

【另見】皮日休〈酬魯望見迎綠鷴次韻〉：輕裁鴨綠任金刀，不怕西風斷野蒿。

溫庭筠〈昆明池水戰詞〉：渺莽殘陽釣艇歸，綠頭江鴨眠沙草。

李白〈襄陽歌〉：遙看漢水鴨頭綠，恰似葡萄初釀醅。

劉希夷〈秋日題汝陽潭壁〉：魚鱗可憐紫，鴨毛自然碧。

齊己〈野鴨〉：野鴨殊家鴨，離群忽遠飛。

白居易〈新春江次〉：鴨頭新綠水，雁齒小紅橋。

【頁小檔案】
鴨
platyrhynchos
科

本科全世界157種，台灣34種，大陸50種。綠頭鴨雄鳥嘴黃綠色，腳橘紅色，頭至上頸部深綠色，具光澤；頸部有白環，腰、尾下覆羽黑色，尾羽白色，胸部咖啡色，腹、背翼黑色。雌鳥嘴橘黃色，上嘴雜有黑斑，腳橘黃色，全身羽色褐中有珠斑。主要棲息於河口與海岸一帶的沼澤與沙洲。性群棲，鳴聲響亮，在水面有時會倒立潛入水中覓食水中的動、植物，築巢於地面。

據《禽經》云鴉鳴啞啞、雞鳴咿咿、鴨鳴呷呷，均以鳴聲而各自得名。鴨一名鶩，而古人對於鳧鶩的異同則說法不一，一般以野鴨爲鳧，家鴨爲鶩。李時珍則指出鳧能高飛而鴨舒緩不能飛，因此別稱爲舒鳧。不過，王勃「落霞與孤鶩齊飛，秋水共長天一色」中提及的孤鶩卻是指野鴨。

古人大都貴雞而賤鴨，但古禮在節令送禮時，仍有以鴨爲摯禮者，主因是家鴨不善飛翔，有安土重遷之意，用以勉勵庶人謹守耕稼；而工商界則執雞相贈，主要勉其如雞鳴般知時而守信。

《爾雅翼》指出，鶩首深綠，可見家鴨指的是綠頭鴨一類的鳥類。李時珍補充說，雄鴨綠頭而紋翅，雌鴨爲黃斑色，還有純黑及純白的種類。其中以烏骨的大白鴨最爲珍貴，適合用於進補。古人還認爲重陽後的鴨肉風味最佳，因爲重陽節後，鴨羽爲了保暖會散發油脂使體羽膨鬆而不易透風，看來特別肥美。

唐朝以前的君王已有獵鴨活動，唐太宗時諸公子則偏愛養鬥鴨自娛。當時將領在夜襲時，還會利用鵝鴨群起鳴叫的聲音來掩飾軍事行動。蜀地的善男信女在道教三元節時，會放生鵝、鴨來累積功德。

漢朝馬援以「刻鵠不成尚類鶩」來期勉子姪，意思是說因技巧差而將長頸姿美的天鵝（見74頁）雕成短頸的水鴨，寓意同「畫虎不成反類犬」。

左上圖：綠頭的羅紋鴨，也是古代詩人所吟詠的一種綠頭鴨。
左圖：綠頭鴨一名由來已久，是詩人經常下筆吟詠的對象。

【鴛鴦】

古又名：匹鳥
今名：鴛鴦

梧桐₁相待老，鴛鴦會雙死。

貞婦貴殉夫，捨生亦如此。

波瀾誓不起，妾心古井水。

　　　　　———孟郊〈烈女操〉

【註解】1. 梧桐：相傳梧為雄樹，桐為雌樹，為製琴瑟之材料。

【另見】杜甫〈佳人〉：合昏尚知時，鴛鴦不獨宿。
　　　　白居易〈長恨歌〉：鴛鴦瓦冷霜華重，翡翠衾寒誰與共？
　　　　李白〈長相思〉：趙瑟初停鳳凰柱，蜀琴欲奏鴛鴦絃。
　　　　羅鄴〈鴛鴦〉：一種鳥憐名字好，盡緣人恨別離來。
　　　　李德裕〈鴛鴦篇〉：君不見昔時同心人，化作鴛鴦鳥。

【小檔案】

lericulata

科

本科全世界157種，台灣34種，大陸50種。雄鳥嘴橙紅色，先端白色，腳橙黃色，全身羽色帶有光澤，額及頭頂深藍綠色。眼睛周圍白色，眼後上方有一白色長帶，腹下白色，脅土黃色。雌鳥嘴黑褐色，基部有白色細環，腳橙黃色，背暗褐色，眼周圍白色延至後方。胸、脅暗褐色，有斑點，腹下白色。常出現於中低海拔山區之開闊、清澈、平緩而周邊有樹林之溪流、湖泊地帶。通常成對出現。大多於晨昏或夜間活動，築巢於樹洞中。

依據近人的研究顯示，鴛鴦只在繁殖期間相好，非繁殖期則各自行動，隔年再隨機尋找配偶，並非從一而終。不過，漢民族自古以來一直都以鴛鴦為恩愛象徵，對於鴛鴦的喜愛更是情有獨鍾。鴛鴦羽色富麗，舉止輕盈得體，均符合傳統禮樂社會中對服飾儀態的講究，這也是古人選擇這種水邊湖際隨處可見的鳥兒作為恩愛象徵的原因。

鴛鴦浴紅衣的戲水鏡頭、交頸鴛鴦的耳鬢廝磨，雙宿雙飛的鴛鴦真是羨煞了古今許多詩人，因此唐朝詩人盧照鄰〈長安古意〉才會說：「得成比目何辭死，只羨鴛鴦不羨仙。」無名氏〈雜詩〉說得更為直接：「不如池上鴛鴦鳥，雙宿雙飛過一生。」

濃情蜜意的世間男女盼望著能如願成為鴛鴦佳偶，共效鴛鴦情，誓守著生生世世不離分的諾言。在小別之日，則寫幾個鴛鴦字，寄給別後令人思念的他；又或者刺些鴛鴦繡，送給心愛的人。不過，想寄上鴛鴦扇時，可得仔細說明，以免被誤以為要散席離異哩！

鴛鴦的模樣美麗、羽色斑斕，自古以來就是常見的吉祥圖案，廣泛應用於許多日用品中，諸如鴛鴦錦、鴛鴦結、鴛鴦扣、鴛鴦羅帶、鴛鴦帕、鴛鴦衾、鴛鴦瓦等，不一而足。直至今日，台灣民間婚嫁時還會準備一款充滿喜氣的鴛鴦被，祝福新人白首偕老。

左上圖：雄鳥曰鴛，雌鳥曰鴦。雄鴛鴦的羽色比雌鴛鴦亮麗出色。
左圖：鴛鴦在水池中出雙入對，是受人珍愛的水禽。

【鴝鵒】

古又名：鸚鵒、寒皋、
捌捌鳥、八人

1　今名：八哥

小院珠簾著地垂，院中排比不相知。

羨他鸚鵡能言語，窗裏偷教鴝鵒兒。

─────花蕊夫人〈宮詞〉

【註解】1. 鴝鵒：音渠育。

【另見】韋應物〈寶觀主白鴝鵒歌〉：鴝鵒鴝鵒，眾皆如漆，爾獨如玉。
劉長卿〈山鴝鵒歌〉：朝去秋田啄殘粟，暮入寒林嘯群族。
章孝標〈題朱秀城南亭子〉：瘦挂眼開欺鴝鵒，花緣網結妒螵蛸。
杜審言〈贈崔融二十韻〉：興酣鴝鵒舞，言洽鳳皇翔。

【小檔案】
哥
otheres grandis
科／八哥科

本科全世界114種，台灣7種，大陸18種，主要分布於歐洲、亞洲及非洲南部。林八哥黃嘴，上嘴基部有羽簇式的冠羽，眼褐紅色，全身羽色黑中帶灰，翼緣有白色翼斑，飛行時極為明顯。尾下覆羽白色，腳黃色，屬鳴聲吵雜、群動性高的鳥類。主要棲息於曠野、樹林、農耕及公園地帶，雜食性，築巢於樹洞中。常在人類生活環境中覓食，因可訓練模仿人類語言而遭獵捕。

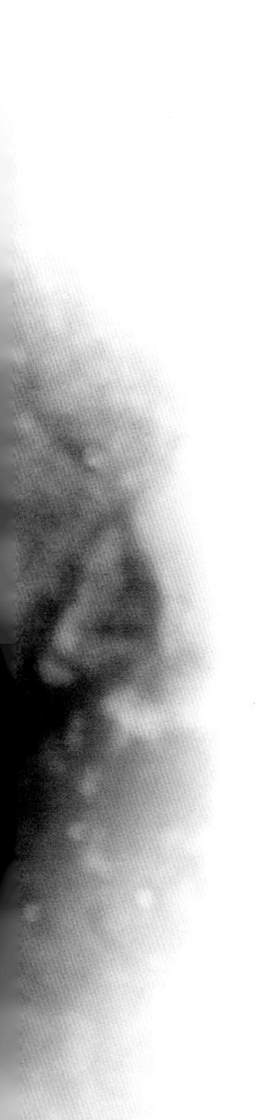

鴝鵒俗稱八哥，一說這種鳥的身體及頭部全是黑羽，只有兩翼下各有白點，飛時可見，就如字書中的八字一般，因此稱為八哥；一說其鳴聲「捌捌」，故稱捌哥；或說南唐李後主諱「煜」，與「鵒」字同音，所以改鴝鵒之名為八哥，也稱八人兒。

鴝鵒性喜成群飛行，鳴聲大而響。李時珍說這種鳥兒喜好以水浴身，天寒欲雪時則群飛鳴告，所以又名寒皋，一名乾皋。漢朝劉向認為鴝鵒產自外地，原屬築穴為巢之鳥，來到中國後始不以穴為巢。不過，後人則推翻這種說法，因為中國原來就有鴝鵒，而且此鳥也有巢居習慣，並不全然是築穴為巢。

南方楚國在五月五日前後，當小鴝鵒的毛羽新長成時，就是捕捉畜養的最佳時機。當天若用蒲酒捻抹小鴝鵒舌端，就可令其仿效人言，聲音不僅清越且維妙維肖，連善於學舌的鸚鵡（見112頁）也自歎弗如。

古人認為年紀輕的鴝鵒，喙部為黃色，年紀大者則為白色。另有一種灰色且喜歡穿梭在屋瓦之間，卻不在其中築巢的鴝鵒，應該是今日灰椋鳥之類的鳥種。

鴝鵒喜群聚而飛噪，古代有模仿而成的「鴝鵒舞」，晉朝文人謝尚便是個中翹楚。只要有鴝鵒（尤其是白鴝鵒）出現，一般都視為喜事將至的好兆頭。聰慧的鴝鵒還能扮演看門防盜的角色，由於鴝鵒會覓食為害作物的蝗蟲，漢朝曾經下令禁止獵捕。

左上圖：家八哥是大陸南方的留鳥，在台灣常成為籠中鳥。
左圖：林八哥的翼緣綴有白點，飛行時特別明顯，就像是「八」字。

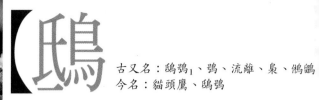

古又名：鴟鵂1、鵂、流離、梟、鵂鶹2
今名：貓頭鷹、鴟鵂

相訪夕陽時，千株木未衰。石泉流出谷，山雨滴棲鴟。

漏向燈聽數，酒因客寢遲。今宵不盡興，更有月明期。

———————賈島〈宿成湘林下〉

【註解】1. 鴟鵂：音癡消。
　　　　2. 鵂鶹：音休留。

【另見】孟郊〈感懷〉：鴟鵂鳴高樹，眾鳥相因依。
　　　　宋之問〈早發韶州〉：直榮魑將魅，寧論鴟與鴉。
　　　　張說〈伯奴邊見歸田賦因投趙侍御〉：寒鴉鳴舍下，昏虎臥籬前。
　　　　沈佺期〈枉繫〉：吾憐姬公旦，非無鴟鴞詩。
　　　　李白〈寓言〉：管蔡扇蒼蠅，公賦鴟鴞詩。
　　　　王建〈東征行〉：桐柏水西賊星落，梟雛夜飛林木惡。
　　　　趙摶〈琴歌〉：真龍不聖土龍聖，鳳皇啞舌鴟梟鳴。

【類小檔案】
鳥
ucidium brodiei
鳥科

本科全世界188種，台灣12種，大陸26種。除南極外，遍布於全球。棲息於森林、草原、沙漠和苔原。頭部大，有些種類具有面盤與耳簇羽。嘴短而強，嘴鉤狀，具蠟膜，眼大向前，夜間視力與聽力超強。翼寬圓，尾短或等長，腳短或中等，外趾可內外轉動，羽毛鬆軟。雌雄鳥羽色相似，雌鳥體形稍大。肉食性，嗜食鼠類和昆蟲。鳴聲單調，營巢於洞穴或其他廢棄巢穴。

鴟因「兩目如貓兒大」及「頭目如貓」，俗稱貓頭鷹。古字寫作梟，《埤雅》記載梟食母不孝，所以民間捕梟磔殺之，並附會說「梟」字從鳥頭在木上，一如後人梟首示眾之意。其實，若從梟鳥喜歡擬態停棲在枯木上，來取其最初造字之意，與倉頡觀物取象則更為接近。

自《詩傳》以來，鴟鴞就被視為「少好長醜」的「流離鳥」，加上夜出惡聲，「聞之多禍」，古時有些國君還會設官專門驅逐。據傳早在黃帝之時，便已在五月五日送梟給群臣作羹，以減少不祥之鳥的數目；漢時還有冬、夏兩季食用鴞肉的習慣。

鴟鴞為夜行性猛禽，「喜破鳥巢而食其子」，在古人看來，這是生性不仁的鳥兒。許慎《說文》並指出，梟是「不孝之鳥」，從母索食而不允時，會啄瞎母鳥眼睛後飛走。想來這是因為鴟鴞為夜行性鳥類，白日雙眼無法視物，所以才衍生出這種附會說法。

鴟鴞鳴聲狀似「休留」，因此又稱「鵂鶹」，也寓含此地凶險，不宜久留之意。古人還說聽聞這種怪鳥的笑聲最好快速離開，以免罹禍。若是梟鳥入宅，顯示此家必出人命。最有名的例子便是漢朝貶居長沙的賈誼因梟鳥入室，而作〈鵩鳥賦〉去晦，結果三十多歲就抑鬱而死。其實，梟入人室是為了捕鼠及清理廚房殘肉；桂林當地居民就用貓頭鷹來捕鼠。

左上圖：領角鴞是因頭上有角羽而得名，傳說其叫聲會帶來不祥之兆。
左圖：鵂鶹是最小的貓頭鷹，以其鳴聲狀似「休留！休留！」而命名。

【戴勝

古又名：戴鵀[1]、戴南、
　　　　戴鴔[2]、織鳥
今名：戴勝

星點花冠道士衣[3]，紫陽宮女[4]化身飛。

能傳上界[5]春消息，若到蓬山[6]莫放歸。

　　　　　　　　───── 賈島〈題戴勝〉

【註解】1. 鵀：音認。

　　　　2. 鴔：音焚。

　　　　3. 星點花冠道士衣：形容戴勝頭上冠羽末梢黑白相間有如花冠，黃色
　　　　　的胸背羽色則像道士黃袍。

　　　　4. 紫陽宮女：即紫姑，傳說遭虐死後升天為神，能卜蠶桑豐欠之事。

　　　　5. 上界：天上，指神仙居處。

　　　　6. 蓬山：海上仙山。全句指戴勝若到仙山，必被留作仙使。

【另見】張何〈織鳥〉：季春三月裏，戴勝下桑來。

　　　　王建〈戴勝詞〉：戴勝誰與爾為名，木中作窠牆上鳴。

　　　　令狐楚〈春閨思〉：戴勝飛晴野，凌澌下濁河。

　　　　杜甫〈春村〉：二月村園暖，桑間戴勝飛。

【戴勝小檔案】

a epops
科

全世界1種，分布於亞洲、非洲及歐洲之中南部。嘴細長，向下彎曲，頭上具顯著冠羽，呈棕栗色，各羽先端黑色，黑端下還有白斑。體羽棕色為主，兩翅和尾部大多呈黑色且有白色或棕白色橫斑；翼寬而圓。常單獨棲息在開闊田地、草原和郊野樹木上。在地面覓食，食物多為昆蟲、蚯蚓，一受驚擾即飛起。頭上冠羽平時平伏，稍有激動，立即聳立展開示警，羽色對比鮮麗。通常不築巢，直接下蛋於樹洞、河堤及建築物之縫隙中。

戴勝又稱戴鵀，《埤雅》說「戴勝」爲戴頭飾之鳥，有以頭羽取勝之意；《爾雅翼》〈戴鵀〉則指出古代婦女頭飾高聳，其實就是模擬戴勝頭上的高冠而來。

《禮記》〈月令〉云：「季春之月，戴勝降於桑。」說明戴勝會於暮春三月出現於桑樹間，正確的時間是「穀雨後十日」，此時正是農忙時節，加上戴勝的鳴聲聽來就像「獲穀」，因此有「戴勝降於桑，以勸民事」之說。古人又云「男事興而布穀鳴，女功興而戴勝鳴」，視布穀鳥爲勸男忙於耕種、戴勝爲勸女勤於縫織之象徵，此即戴勝又稱「織鳥」的由來。

《爾雅翼》〈戴鵀〉進一步解釋說：「戴鵀者，躬桑之候，婦人之於禮，或恐其慢，故因是鳥之來，神而明之。此物既春來，故在陽鳥之例。」意思是說天神派戴勝在穀雨時節飛降在桑樹上，提醒民間婦女趕快採桑養蠶，以便抽絲以供紡織，切勿偷懶誤時。

此外，戴勝又與廁神紫姑的傳說相結合。傳說紫姑姓何，名媚，字麗卿，爲李景之妾，李妻妒之而於正月十五日在茅廁中將她殺害，天帝憫之而封爲廁神。舊時民間婦女常於元宵夜，在廁所或豬欄旁拜迎廁神，藉此以占卜蠶桑等情事，稱爲「迎紫姑」。由於戴勝及紫姑都與農桑有關，因此賈島〈題戴勝〉詩中將戴勝視爲「紫陽宮女」（紫姑）的化身。

左上圖：戴勝同時具有仙道的色彩與勸農的意涵。
左圖：賈島詩所寫的「星點花冠道士衣」即指戴勝的頭飾與胸背羽色。

鴻鵠

古又名：鴻、天鵝、逸
　　　　鳥孫公主
今名：天鵝

西陸₁動涼氣，驚鳥號北林。棲息豈殊性，集枯₂安可任₃。

鴻鵠去不返，句吳₄阻且深。徒嗟日沈湎，丸鼓₅驚奇音。

―――― 柳宗元〈感遇〉

【註解】1. 西陸：日循黃道行至西陸，即秋天。
　　　　2. 集枯：停棲於枯木之上。
　　　　3. 任：託付。
　　　　4. 句吳：吳地古稱句吳國，今江蘇省無錫市。
　　　　5. 丸鼓：以銅丸擊鼓。此處所指爲漢元帝好鼓音而
　　　　　　不親政事的典故。

【另見】杜甫〈寄韓諫議〉：鴻飛冥冥日月白，青楓葉赤天雨霜。
　　　　李商隱〈鏡檻〉：撥弦驚火鳳，交扇拂天鵝。
　　　　李益〈入華山訪隱者經仙人石壇〉：仰見雙白鵠，墮其一紙書。
　　　　錢起〈南中春意〉：惜無鴻鵠翅，安得凌蒼昊。
　　　　李紳〈皋橋〉：鴻鵠羽毛終有志，素絲琴瑟自諧聲。

【顏小檔案】

nus columbianus
科

本科全世界157種，台灣34種，大陸50種，分布於世界各地的中至大型水鳥。其中的天鵝屬台灣有3種，大陸也有3種。鵠的上嘴基部黃色，延伸至眼先，下嘴及上嘴先端黑色，全身白羽，頭至頸略帶黃褐色，腳黑色，趾間有蹼。雌雄鳥外形相似。主要棲息於湖泊、田澤、河口等處，以水生動植物為主食。性活潑而機警，經常成群活動和覓食，並有一對哨鳥執行警戒任務。遠征時，會列隊成行。築巢於矮灌叢或草地上。

鴻鵠一名天鵝，天者，大也。鵠群初至之時，必以一隻重達十多公斤的巨鵠為首領，若能捕得此鵝，餘者會盤旋於一處，不能遠去。再放獵鷹捕捉，就能一舉擒獲，進為御膳之用，因此又有「頭鵝」別稱。鴻鵠羽色純白、富光澤，似鶴長頸而大，肉美如雁，因此《爾雅翼》認為「鵠」即「鶴」音之轉。

古有「鴻儀鷺序」之說，原指鴻、鷺上岸有先後，飛翔時亦有行列秩序，後用以指稱文武官員行儀亦步亦趨。鴻鵠在亞成鳥之時，就常振翅躍躍欲試，似乎從小就有雲遊四海之心，所以詩人常以鴻鵠來比喻志向遠大。《史記》曾記載揭竿起義的陳涉，在發跡之前，曾道出「燕雀安知鴻鵠之志」的慨歎。

民間流傳的「千里送鵝毛」故事，是說唐朝雲南邊使緬伯高獻天鵝給唐君，鵝過沔陽湖時卻飛出籠外，只留下一根鵝毛，緬氏只好硬著頭皮獻上鵝毛，並以「禮輕人意重，千里送鵝毛」來化解。其實，這個故事是轉化自戰國時期魏文侯使臣毋擇的經歷。毋擇曾奉命進獻天鵝給齊侯，途中天鵝卻飛逃了，只好拿著空籠向齊侯請罪，最後終於獲得齊侯諒解。

鴻毛可充填在氣囊中，用來渡江而不會沉沒，可見其質地之輕軟，因此古人才會說死有「重於泰山，輕於鴻毛」。古人測試刀劍鋒利與否，也常將鴻毛置於水上而以利刃擊砍之。

左上圖：鴻鵠之志，指的是志向遠大。黑天鵝是受人喜愛的觀賞珍禽。
左圖：鴻鵠即白天鵝，因為羽色白皙，而被賦予吉祥與尊貴的形象。

【雞】

古又名：燭夜、靈禽、載丹、翰音等
今名：雞

故人具雞黍，邀我至田家。綠樹村邊合，青山郭外斜。

開軒₁面場圃₂，把酒話桑麻。待到重陽日，還來就₃菊花。

$$開軒_1面場圃_2$$

—————— 孟皓然〈過故人莊〉

【註解】1. 軒：窗戶。
　　　　2. 場圃：廣場。
　　　　3. 就：接近，此處指就近觀賞。

【另見】李白〈夢遊天姥吟留別〉：半壁見海日，空中聞天雞。
　　　　王維〈桃源行〉：月明松下房櫳靜，日出雲中雞犬喧。
　　　　李白〈行路難〉：羞逐長安社中兒，赤雞白狗賭梨栗。
　　　　杜甫〈兵車行〉：況復秦兵耐苦戰，被驅不異犬與雞。
　　　　岑參〈奉和賈至舍人早朝大明宮〉：雞鳴紫陌曙光寒，鶯囀皇州春色闌。

【顆小檔案】

us gallus

本科全世界155種，台灣7種，大陸59種，除極地外，分布全世界。包括鶉、雉和鷓等，體型似雞，種間體型變化大，多數羽色豔麗，有些種類有冠或肉垂。翅短而圓、頸短、喙短而厚，尾長短變化不一。常群聚或單獨活動，但秋、冬多聚成大群，以植物嫩芽、果實、種子為主食。多數雄鳥有特殊的求偶炫耀行為。在地面或地表挖穴為巢，以細枝、枯葉為巢材。本篇所指公雞與野外的原雞型鳴聲相似而較長，為馴養後的品種。

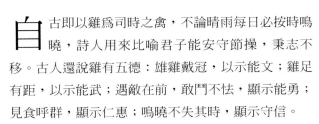

自古即以雞為司時之禽，不論晴雨每日必按時鳴曉，詩人用來比喻君子能安守節操，秉志不移。古人還說雞有五德：雄雞戴冠，以示能文；雞足有距，以示能武；遇敵在前，敢鬥不怯，顯示能勇；見食呼群，顯示仁惠；鳴曉不失其時，顯示守信。

《禮記》云「雞肥則其鳴聲長」，這是因為雞肥多在近秋冬之際，萬物受肅殺之氣所勒而群動減少，所以雞鳴之聲自然格外清晰。有些老雞會在歲末時因怯寒而至天大亮才鳴，也有些雞在半夜亂啼，民間稱之為盜啼的荒雞。如果是群雞夜鳴，則主不祥，據說是火災或乾旱的徵兆，這是火紅雞冠引起的聯想。

舊說以為月中有兔而日中有雞，神話傳說中還有一種先天下群雞而鳴的「天雞」。此天雞棲居在桃都山的大桃樹上，當旭日初昇照到桃木時，天雞會率先鳴曉，天下群雞聞聲後也跟著鳴叫。天雞一鳴，逗留在陽間的眾鬼就必須回到冥間洞府中。因此，舊時民間會在門戶上張貼雞符來辟除百鬼。

鬥雞古稱「魯雉」，早在周宣王時代就已盛行。唐朝的公子哥兒除了放鷹馳犬之外，也以鬥雞取樂。養不起鬥雞者，甚至以木雞來相鬥。古人認為鬥雞暗藏兵象之凶徵，王勃即因寫了與鬥雞相關的遊戲文字而受到高宗懲斥，後人逐以「勃公子」來代稱雞。雞性好鬥，雞眼好瞋目及邪視，所以俗稱「鬥雞眼」。

左上圖：籠中無雞冠的母雞。
左圖：坊間常見的畜養公雞。

【鵝】

古又名：舒雁、家鴈、可鳥、兀地奴等
今名：鵝

鵝鵝鵝，曲項向天歌。

白毛浮綠水，紅掌撥清波。

————駱賓王〈七歲詠鵝〉

【另見】韓愈〈石鼓歌〉：義之俗書趁姿媚，數紙尚可博白鵝。
　　　　杜甫〈舟前小鵝兒〉：鵝兒黃似酒，對酒愛新鵝。
　　　　杜甫〈得房公池鵝〉：房相西亭鵝一群，眠沙泛浦白於雲。
　　　　呂溫〈道州北池放鵝〉：我非好鵝癖，爾乏鳴鴈姿。
　　　　李商隱〈題鵝〉：眠沙臥水自成群，曲岸斜陽極浦雲。
　　　　李郢〈鵝兒〉：無事群鳴遮水際，爭來引頸逼人前。

【小檔案】

domesticus

科

本科全世界157種，台灣34種，大陸50種。中國家鵝的遠祖是野生鴻雁（*Anser cygnoides*），依毛色分為灰鵝和白鵝兩大類，中國北方以白鵝較多，南方以灰鵝為主，廣東的獅頭鵝為著名的品種。白鵝全身白羽，嘴與腳均為白色。灰鵝與獅頭鵝羽色相近，嘴黑色，頭上至後頸茶褐色，背部暗褐色，頰至上腹淡黃褐色，前頸與頸側羽色較淡；上嘴基部有黑色瘤狀物凸起者，即為獅頭鵝一類的品種。中國家鵝早就傳入朝鮮和日本，當地稱為唐鵝。

鵝一名舒雁，江東稱為可鳥，俗名兀地奴，以其行步蹣跚之故。其性警覺，每更必鳴，可以警盜，畜養在園林之中，則蛇皆遠去。晉朝以後，每戶人家都豢養著這種綠眼、黃喙、紅掌的家禽以充庖廚之需。而朝廷苑囿中所豢養的太倉鵝，從喙至足有四尺九寸，體色豐麗，鳴聲驚人。

古代除了祈雨偶爾會用到鵝外，一般牲醴很少用到鵝。因為古人認為鵝性頑劣，難合於禮儀。由於鵝性傲而好鬥，古代宮廷也偏好鬥鵝，而使鵝價傳說曾飆漲到一隻五十萬錢。

鵝陣成列，鸛（見114頁）群旋飛，自成陣法，中國兵法中有鵝鸛之陣法。鵝頸善轉旋，似有法式，與書法之道貴在指實掌虛，腕運而手不知的精妙之處雷同，因此歷來書法家多喜觀鵝來揣摩提腕之法。最有名的例子就是晉朝名書法家王羲之。王羲之愛鵝天下皆知，聽說會稽有老婦豢養一鵝善鳴，求讓不得，便親往觀賞。不料老婦聽說羲之將來，便將鵝烹了以款待羲之，羲之為此歎息許久。當時山陰有一道士也養有好鵝，羲之堅求讓售，道士要求以羲之所寫的《道德經》交換，羲之欣然寫畢，快樂地換鵝賦歸。如今蘭亭一帶，還留有鵝池的遺跡。

鵝毛柔軟而性冷，據說取鵝項腹的軟毛蒸熟後用來填充棉被，其溫軟不下綿絮，最適合嬰幼兒使用。

左上圖：灰鵝與廣東的獅頭鵝相似，上嘴基部有瘤結，就像獅頭一般。
左圖：北方人喜歡養白鵝，南方人所豢養的家鵝通常是灰鵝。

【鵜鶘

古又名：鵜、淘河、犁
　　　　　洿2澤、鴮鸅3
1　今名：鵜鶘

遠地難逢侶，閒人且獨行。上山隨老鶴，接酒待殘鶯。

花當4西施面，泉勝衛玠5清。鵜鶘滿春野，無限好同聲。

──────元稹〈獨遊〉

【註解】1. 鵜鶘：音提胡。

　　　　2. 洿：音污。

　　　　3. 鴮鸅：音污折。

　　　　4. 當：可相比。

　　　　5. 衛玠：晉代名士，風姿清秀，有璧人、玉人之稱。

【另見】楊蕣〈過睦州青溪渡〉：川谷留雲氣，鵜鶘傍釣磯。

　　　　陳陶〈南昌道中〉：村翁莫倚橫浦罾，一半魚蝦屬鵜獺。

　　　　杜甫〈赤霄行〉：江中淘河嚇飛燕，銜泥卻落羞華屋。

【鵜鶘小檔案】
鵜鶘
Pelicanus philippensis
鵜鶘科

本科全世界8種，台灣1種，大陸2種。除南美之外，世界各地均可見。大型水鳥，體型肥胖，雌雄鳥外形相似。嘴粗厚而長，先端細而下鉤，嘴下有伸縮囊袋。頭長、翼寬大；短尾、短腳、腳上有蹼。主要棲息於沿海附近、湖泊地帶。以魚類為主食，振翼緩慢，常於空中急下以捕食水中游魚，或浮游於水面捕撈魚類。集體築巢於岸邊樹上或島嶼上，雌雄親鳥皆抱卵。灰鵜鶘體型肥胖，伸縮囊袋為橙褐色，頭上至後頸茶褐色，其餘灰白色。

鵜鶘在《全唐詩》中收有六句。《爾雅》說這種鳥兒常出現在水澤之中，見人則鳴叫，不甚懼人，戀惜池澤之舉動，一如守土之官，因此稱為姻澤鳥（姻，音護），俗稱護田鳥。並指出鵜鶘之生態習性好群飛，喜歡潛水食魚，又名洿澤。

《禽經》說鵜鶘「水鳥也，似鷁而大，喙直而廣，長尺餘，口中赤色，頷下有髯，其大如可容數升之囊。」《淮南子》說「鵜鶘飲水數斗而不足」，其實鵜鶘並非真的完全將水喝入肚中，只是捕魚方式如漏斗般地濾水食魚，因此古人才會以為鵜鶘會合力用嘴下的皮囊淘河取水，使水竭魚露，再逐一捕食聚沫相濡的魚群，所以俗稱鵜鶘為「淘河」。古代甚至有鵜鶘皮囊能盛水養魚的說法，另有傳說以前有個偷肉者，為了躲避追捕而情急跳河，死後化為鵜鶘，所以將這種鳥兒俗稱為「逃河」。

由於鵜鶘捕魚方法特殊且效果奇佳，《莊子》〈外物篇〉才有「魚不畏網而畏鵜鶘」之論。舊時大陸黃河沿岸經常可以見到許多鵜鶘成群聚集，前人形容鵜鶘在混濁河水中搖擺浮游，張大嘴囊將水腐浮沙一律旨入嘴中的樣子，就好像是用嘴喙在水中漫無目的地作畫一樣，因此就俗稱這種水鳥為「漫畫」；也因為這種捕魚行為太過「隨緣」，彷彿是開口等待魚兒自投羅網一般，所以又稱「信天緣」。

左上圖：在水中悠遊準備覓食的鵜鶘。
左圖：嘴可淘河的灰鵜鶘，正在展示嘴下袋囊。

【鵓鴿

古又名：飛奴、半天嬌
　　　　插羽佳人等

今名：鴿

安排竹柵與笆籬，養得新生鵓鴿兒。

宣受內家專餵飼，花毛間看總皆知。

—————花蕊夫人〈宮詞〉

【註解】1. 鵓：音博。

【另見】韋應物〈同德精舍舊居傷懷〉：還見窗中鴿，日暮遶庭飛。

徐夤〈白鴿〉：舉翼凌空碧，依人到大邦。

錢起〈津梁寺尋李侍御〉：馴鴿不猜隼，慈雲能護霜。

盧仝〈寄男抱孫〉：莫學捕鳩鴿，莫學打雞狗。

劉滄〈秋月望上陽宮〉：苔色輕塵鎖洞房，亂鴉群鴿集殘陽。

【順小檔案】

mba livia domestica
科

本科全世界302種，台灣12種，大陸31種。中國古代所馴養的家鴿主要是從野生原鴿（Columba livia）所馴化而來。其後，又與岩鴿（Columba rupestris）以及金背鳩（Streptopelia orientalis）等雜合，產生了今日的後代，體色品種變化大。鴿子體型肥胖，上嘴先端呈鉤狀而硬，嘴細頭小，頸腳皆短，雌雄鳥大多同色，馴化前常在住家附近的樹上或地面以種子、果實為食。性群棲，飛行速度快，呈直線飛行，築巢於樹上或岩石上。

鴿子一名鵓鴿，以其叫聲為名，梵書稱為「迦布德迦」。舊時富豪少年多喜畜養鴿子，稱之為「半天嬌」，其蠱惑人心的魅力猶如嬌女佳人，所以又稱為「插羽佳人」。

鴿子的毛色之多冠於眾鳥，尤以白鴿繁衍的數目最多，也不乏野鴿類品種，毛羽不外乎青、白、黑、綠及雀斑數色，眼目則有黃、赤、綠等，有時也與鳩鳥匹配。鴿子性情溫馴，每每放之數十里外，都能自行識路飛返，也能為人傳書，張九齡稱之為「飛奴」。《開元天寶遺事》記載張九齡年少時，曾在家畜養鴿群，並將書信繫於鴿足上傳送。宋高宗也曾在宮中養鴿，每日收放費時耗材，後因士人作詩諷刺而作罷。前人也有放生鴿子的習慣，每放一鳥便許下祝願。

古代船隻多數會畜養鴿子，以便傳信報平安，例如波斯商船在航行數千里後，會放隻鴿子傳遞消息。遠航至南海的外國商船，在啟航之初也會在船上畜養白鴿當信使，萬一發生意外時就可放鴿子求援。

大陸北方在清明及端午節時有種射柳遊戲，先將鴿子放入葫蘆內，懸在柳木之上，比賽者用彎弓射之，矢中葫蘆，鴿則飛出，以鴿驚飛的高度來決定勝負。

據傳項羽引兵追劉邦時，劉邦避於井中，當時有雙鴿停在井上，追者不疑，使劉邦逃過一劫。後來漢廟每至正旦之日，就會野放雙鴿，大概是起源於此。

左上圖：白鴿也是家鴿的一種，詩人張九齡曾馴養來傳送書信。
左圖：家鴿主要從野生原鴿馴化而來，已有千年以上的歷史。

【鵲

古又名：烏鵲、駁鳥、飛駁
今名：喜鵲

天秋月又滿，城闕[1]夜千重。

還作江南會，翻疑[2]夢裡逢。

風枝驚暗鵲，露草覆寒蛩[3]。

羈旅長堪醉，相留畏曉鐘。

　　　　——戴叔倫〈江鄉故人偶集客舍〉

【註解】1. 闕：音卻，宮門前的望樓。
　　　　2. 翻疑：反而懷疑。
　　　　3. 寒蛩：蛩，音窮；寒蛩指蟋蟀。

【另見】袁暉〈七月閨情〉：不如銀漢女，歲歲鵲成橋。
　　　　孟浩然〈秋宵月下有懷〉：驚鵲棲未定，飛螢捲簾入。
　　　　錢起〈送鄭巨及第後歸覲〉：離人背水去，喜鵲近家迎。
　　　　李端〈閨情〉：披衣更向門前望，不怠朝來鵲喜聲。
　　　　顧況〈柳宜城鵲巢歌〉：相公宅前楊柳樹，野鵲飛來復飛去。
　　　　白居易〈母別子〉：不如林中鳥與鵲，母不失雛雄伴雌。
　　　　皮日休〈喜鵲〉：棄觷在庭際，雙鵲來搖尾。
　　　　韓偓〈秋深閑興〉：晴來喜鵲無窮語，雨後寒花特地香。

【鵲科小檔案】

pica

本科全世界有117種，台灣9種，大陸29種，幾乎遍及世界各大洲，大多為留鳥。下分烏鴉、鵲及樫鳥三屬。鵲屬包括喜鵲、樹鵲、藍鵲及綠鵲等，為中至大型鳴禽，嘴、腳均粗壯有力。喜鵲羽色以黑白為主，藍綠為輔，像八哥般兩翼有明顯的白點，雌雄鳥羽色相同；長尾，鳴聲粗啞。喜群居，拙於飛翔，雜食性，吃種子、果實及小動物和動物屍體。覓食處遍及地上與樹上，築巢在樹上、樹洞或岩洞內。

喜鵲鳴叫，與蜘蛛結網、銀燈結蕊一樣，是個吉祥的兆頭。據傳有幸看見二鵲共銜一木築巢，其人必能大富大貴。靈鵲報喜的傳說，自古有之，如《禽經》有「靈鵲兆喜」之語，漢朝《淮南子注》也說鵲鳥在人將有可喜之事時，會事先鳴叫報喜。《太平廣記》記載唐朝貞觀末年，有犯人見鵲而預知吉兆，果真遇赦而出獄；《唐書》則說百姓稱良官為喜鵲，邊陲友邦也常有獻鵲傳喜之舉。

《爾雅翼》釋鵲云：「鵲者，烏之屬，故周禮總為之烏鳥，又以其色駁，名之為駁鳥。」《本草綱目》對於鵲鳥也有詳細的描寫，說牠長尾、尖嘴黑爪，可預知來歲風多，而將窩巢築在卑下之處，因此稱為乾鵲。《埤雅》云：「今人聞鵲噪則喜，聞烏噪則唾。」反映出一般人偏愛喜鵲、討厭烏鴉（見40頁）的情形，不過，李時珍在《本草綱目》卻說：「北人喜鴉惡鵲，南人喜鵲惡鴉。」《北齊書》〈張子信傳〉可印證此種說法，張子信因為鵲鳴於庭樹，鬥而墮地，而以鵲有口舌之事而自警。詩人顧況〈柳宜城鵲巢歌〉詩序：「相傳鵲巢在南，令人貧窮，多口舌。東西家者，多斫樹枝。」也以鵲為不祥。

大體來說，唐詩中所提及的詩句都是以靈鵲兆喜為主，後代詩文中還常以喜鵲隱喻男女情愛，所謂「喜鵲報喜」之說至今仍盛行不墜。

左上圖：在柳樹上現身的灰喜鵲，是中國園林住家中常見的品種。
左圖：伴隨著沙啞鳴聲出現的喜鵲據說會帶來喜訊，南方人視為瑞鳥。

【鷯鷯

古又名：烏舅、批煩鳥
今名：卷尾、烏秋、烏

村店月西出，山林鷯鷯聲。旅燈徹夜席，束囊事晨徵[2]。

寂寂人尚眠，悠悠天未明。豈無偃息心，所務前有程。

—————歐陽詹〈晨裝行〉

【註解】1. 鷯鷯：音卑夾。
　　　　2. 晨徵：徵通征，早行。

【另見】袁鄭谷〈錦浦〉：憑君囑鷯鷯，莫向五更啼。
　　　　盧延讓〈冬夜〉：樹上諮諏批煩鳥，窗間壁駁叩頭蟲。

【類小檔案】

尾

urus macrocercus

科

本科全世界23種，台灣3種，大陸7種。多數分布於亞洲南部、非洲及澳洲北部。體型中等，嘴型強健，先端略向下鉤，具嘴鬚，有些種類具冠羽。翼形尖，雙腳短，長尾呈叉狀，尾羽末端外側略向上卷曲，故名卷尾，俗稱烏秋。體羽純黑或灰，雌雄相似。主要棲息於樹、竹林地帶，以昆蟲爲主食。飛行能力特強，性好鬥，常追逐或攻擊其他鳥種，尤其是繁殖期，築巢於高樹或電線桿上，連大冠鷲之類的猛禽都退避三舍。

郭璞《爾雅注》形容此類鳥說：「小黑鳥，鳴自呼，江東名爲烏舅，一名鵧鶃。」身形「小於鳥，能逐鳥」且「能啄鷹鶻烏鵲」，所以被誤以爲是隼科的猛禽。由於三月即鳴，至曙乃止，又有「夏雞」一稱。李時珍認爲，古代有名叫「喚起」的催明之鳥，指的大概就是這種鳥，並進一步說明此鳥「大如燕，黑色長尾有歧，頭上戴勝，所巢之處，其類不得再巢，必相鬥不已。」指出卷尾尾巴分叉及頭上戴飾的特徵，此卷尾種類應爲大陸的「髮冠卷尾」。《通志》則說這種鳥形似八哥，無冠而長尾，多在山寺廚檻間活動，所指應爲台灣也常見的「大卷尾」。

卷尾的俗名「烏秋」，其實是古名「烏舅」的一音之轉。烏舅一名，除了取自其叫聲外，《爾雅翼》〈釋隼〉還依字面解釋，指出因爲這種鳥與烏鴉羽色相同，雖然身形小於烏鴉卻能啄逐烏鴉，當然是烏鴉的舅舅才有此膽量，所以稱爲「烏舅」或「鴉舅」。

《荊楚歲時記》云：「四月有鳥，如烏鴻，先雞而鳴，云加格加格，民候此鳥鳴，則入田以爲催人犁格也。」所說的鳥就是卷尾，古代農民將之歸類爲與布穀及鳲鳩功能相近的農候之鳥。由於卷尾會在清晨時分先雞而鳴，擾人安眠，因此南朝樂府〈讀曲歌〉中有「打殺長鳴雞，彈去烏臼鳥」之句，〈烏夜啼〉中也說「可憐烏臼鳥，強言知天曙」。

左上圖：大卷尾有像燕子般的叉尾與羽色，所以古人曾誤認是燕子。
左圖：在空中捕獲蜻蜓後回到原處享受美食的烏秋。

古又名：黃鶯、黃鳥
今名：小彎嘴畫眉

欲轉聲猶澀，將飛羽未調。

高風不借便，何處得遷喬。

————鄭愔〈詠黃鶯兒〉

【另見】李嶠〈和杜侍御太清臺宿直旦有懷〉：欲嘯遷喬侶，先飛擲地文。

李商隱〈喜舍弟羲叟及第〉：朝滿遷鶯侶，門多吐鳳才。

呂溫〈河南府試贖帖賦得鄉飲酒詩〉：想同鶯出谷，看似雁成行。

李白〈荊門浮舟望蜀江〉：雪照聚沙雁，花飛出谷鶯。

楊系〈小苑春望宮池柳色〉：願駐高枝上，還同出谷鶯。

李程〈春臺晴望〉：更有遷喬意，翩翩出谷鶯。

【鳥類小檔案】
嘴畫眉
atorhinus ruficollis
科

本科全世界有265種，台灣16種，大陸116種。小彎嘴畫眉嘴長而下彎，頭頂暗褐色，後頸至上背為栗紅色，下背至尾羽間為橄褐色。白眉，過眼線黑而明顯，喉及胸均為白色，下胸有橄褐色的粗縱斑，腹白，腳鉛褐色。翼短，尾長，腳力強健，鳴叫聲音悅耳，屬森林性鳥類，不善飛行，喜單獨或成雙之濃密之草叢、灌木叢與樹上跳躍活動。雜食性，以昆蟲與果實為食，築巢於灌叢間。

古人常將黃鳥、黃鸝（見48頁）與黃鶯混為一談，從今日的鳥類學觀點來看，可以知道約於春夏之交出現的黃鸝不可能出現「出谷遷喬」的行為，因此唐詩中有關這種行為的描述，所指的鳥兒應該是留鳥類的黃鶯，例如小彎嘴畫眉及其他畫眉科、山雀科或鶯科鳥類。

所謂的「出谷遷喬」，就是指原本棲居在山谷中及森林低下層的鳥兒，因為覓食所需而飛出山谷前往近人煙處，以及由草叢逐漸往上飛到喬木上的現象。這種習性，與生性較為羞怯的小彎嘴畫眉的行為十分符合。牠們在竹林覓食時常常是先從草叢找起，再慢慢地往上跳到灌木叢、灌木梢，而產生「鶯遷喬木」的現象。唐詩中詠鶯時不是讚美其鳴聲悅耳動聽，就是描寫出谷遷喬的情景，例如錢可復〈鶯出谷〉：「求友心何切，遷喬幸有因。」

由於古人將黃鶯及黃鸝視為同一種鳥類，因此無法合理解釋「出谷遷喬」的現象。其實，古代學者早在註解《詩經》〈小雅〉：「伐木丁丁，鳥鳴嚶嚶；出於幽谷，遷于喬木。嚶其鳴矣，求其友聲。」時，就已發現這種現象與性好雙飛的黃鸝習性根本不符。

「鶯遷喬木」後來普遍借用於祝福或道賀友人升官、科考及第和遷居新屋之詞，即是所謂的「喬遷之喜」，宋朝時還出現了〈喜遷鶯〉詞牌。

左上圖：在橫枝上跳躍覓食的小彎嘴，偶爾也會來一段出谷鶯鳴。
左圖：飛上枝頭的小彎嘴畫眉，說明了鶯遷喬木的行為。

【鶴

古又名：露禽、仙客、仙禽、胎禽等
今名：鶴

昔人已乘黃鶴去，此地空餘黃鶴樓₁。

黃鶴一去不復返，白雲千載空悠悠。

晴川歷歷漢陽₂樹，芳草萋萋鸚鵡洲₃。

日暮鄉關何處是？煙波江上使人愁。

──────崔顥〈黃鶴樓〉

【註解】1. 黃鶴樓：故址在今湖北省武漢市蛇山的黃鶴磯頭。
2. 漢陽：今湖北省漢陽縣。
3. 鸚鵡洲：位於湖北省武昌縣西南。

【另見】常建〈宿王昌齡隱居〉：余亦謝時去，西山鸞鶴鳴。
李白〈蜀道難〉：黃鶴之飛尚不得過，猿猱欲度愁攀援。
李白〈行路難〉：華亭鶴唳詎可聞，上蔡蒼鷹何足道。
杜甫〈詠懷古跡〉：古廟杉松巢水鶴，歲時伏臘走村翁。
劉長卿〈送上人〉：孤雲將野鶴，豈向人間住？

【顯小檔案】
鶴
japonensis

本科全世界15種，台灣有少數幾次出現的記錄，大陸9種。大型涉禽，頸長，羽色偏灰或白。嘴粗長而直，稍側扁。雄體較大，翅寬闊有力。尾短，棲居於開闊的平原、草地、農田、沼澤和半荒漠地區。常在沼澤及水邊活動，覓食葉芽、根莖、草籽、昆蟲、蛙等。繁殖期間，常成對於晨昏時展翅引頸，築大巢於蘆葦叢中。今大陸所見灰鶴、黑頸鶴、沙丘鶴、白頭鶴、白鶴及丹頂鶴等，頭部都有肉冠狀的朱紅色裸露皮膚。

宋朝嚴羽《滄浪詩話》盛譽崔顥〈黃鶴樓〉一詩為唐人七言律詩之首，相傳李白登黃鶴樓時，原想題詩讚景，看到此詩也只能慨然停筆，歎道：「眼前有景道不得，崔顥題詩在上頭。」

　　黃鶴樓位於黃鶴磯上，可以極目千里，據說曾有仙人駕黃鶴憩止於此而得名。《列仙全傳》則謂，費子安學道成仙後，曾在武漢的辛氏酒館暢飲賒帳多年，當他要離開江夏時，便取桌上所剩橘皮在壁上畫鶴還債，並告訴主人說，只要拍手歌唱，此鶴就會飛下來隨拍起舞，果然所言不虛，店家因此生意興隆。十年後，費氏再度光臨，取出長笛吹弄，有祥雲自空而下，壁鶴則飛到身前，費氏於是跨鶴乘雲而去。店主人便於費氏飛升之處建立「黃鶴樓」酒館紀念。

　　由此可知，「黃鶴」本指以橘皮畫成的鶴，而不是真有黃羽之鶴。鶴在中國人眼中還代表長壽，花鳥畫就常以「松鶴延年」為主題。在歷朝的神仙故事中，鶴也占有一席之地。《列仙傳》說王子喬學道三十餘年後騎鶴返鄉，而《浙江通志》也說王母娘娘侍女董雙成於西湖妙庭觀修煉成仙後，吹笙騎鶴上青天。

　　鶴喜逐水草茂盛之沼澤而居，從不上樹，與花鳥畫中「鶴棲松枝」明顯不同。由此推斷，古人似乎是將有時也停棲於粗幹上的白鸛（見114頁）以及營巢於樹梢的白鷺鷥（見20頁），和鶴混為同類而不細分。

左上圖：丹頂鶴在唐詩中具有仙道色彩。
左圖：丹頂鶴是長壽的象徵，花鳥畫常以「松鶴延年」為主題。

【鶴頂

古又名：鶻[1]鵃、越王鳥
今名：犀鳥

封開玉籠雞冠溼，葉襯金盤鶴頂鮮。

想得佳人微啓齒，翠釵先取一雙懸[2]。

　　　　　　　　————韓偓〈荔枝〉

【註解】1. 鶻：音蒙。
　　　2. 翠釵先取一雙懸：全句是說用綠色叉子叉起兩顆荔枝高懸炫耀。

【鶴頂小檔案】
犀鳥
ros bicornis
科

本科全世界57種,台灣沒有,大陸4種。分布於亞、非洲熱帶地區的中至大型鳥類,身長75-125公分。嘴大下彎,嘴上具盔突或兩側內有雕紋。雙角犀鳥棕黃色的盔突甚大,前端分岔,雄鳥盔後黑色,眼紅色,喉黑色,額和頸淡棕黃色,背及翼黑褐色,翼有兩條寬白橫斑,尾羽長而白。雌鳥盔突稍小,後緣橘色,眼白色。雜食性,以果實為主。棲息於森林上層,常成小群活動,營巢於樹洞。雌鳥孵蛋時,洞口封閉,僅留一小洞供需食物。

所謂鶴頂鳥,並非是指鶴類的丹頂,而是本名稱為鶻鵃、又稱越王鳥的南越鳥種,也就是現今的犀鳥。唐人段成式在《酉陽雜俎》中提到,當時已用犀鳥嘴喙來製成酒杯。其嘴色光瑩如漆,有赤、黃、白、黑等色,長一尺餘,厚寸餘,可以裝入二升多的水,古書稱為「腦骨」。尤其有一種內黃外紅者,更是鮮麗可愛。南越人取其嘴喙來製成酒杯、酒器,相當堅實精緻,較之文螺杯更為珍貴。

古籍說這種鳥不踐踏在地面上,也不飲江湖之水,不啄人間百草,不吃水中與地上的蟲魚,只取食木葉維生,所以鳥糞氣味香而不臭,南越人收集製成香料,也具有治療百瘡的效用。

也有人推測鶴頂鳥是一種水鳥,體型大於鴨而像孔雀一樣大,毛黑且脛長,產自交阯、三佛齊等地。相對於犀鳥的生態習性,顯然水鳥的說法是錯誤的。這些離譜的傳說,主要是因為犀鳥只產於遙遠的邊疆地帶,中原人士一生可能難得見到一次,所以才會出現以訛傳訛的各種說法。

《桂海禽志》說犀鳥喜歡在江邊的森林中築巢,孵卵時,雄鳥會以細枝黏土和著唾液將巢口封小,讓雌鳥能安心孵卵。孵卵期間,雄鳥還要負責供應雌鳥的食物。直到孵出幼雛後,雌鳥才會將巢口啄破飛出。據說若不能孵出幼雛,雌鳥就會困死在巢洞中。

左上圖:雙角犀鳥的頭盔可製成酒杯,唐時珍貴異常。
左圖:中國古代傳說犀鳥足不踐地、不啄百草也不食蟲魚。

【鶺鴒

古又名：脊令、連錢、
　　　　離渠、雪姑等

1　今名：鶺鴒

昔年淒斷此江湄₂，風滿征帆淚滿衣。

今日重憐鶺鴒羽，不堪波上又分飛。

————韓熙載〈送徐鉉流舒州〉

【註解】1. 鶺鴒：音即零。
　　　　2. 江湄：江邊。

【另見】孟浩然〈入峽寄弟〉：淚沾明月峽，心斷鶺鴒原。
　　　　韋應物〈李五席送李主簿歸西臺〉：欲陪鷹隼集，猶戀鶺鴒單。
　　　　廣宣〈賀王起〉：明日定歸台席去，鶺鴒原上共陶鈞。
　　　　齊己〈幽庭〉：蛺蝶空飛過，鶺鴒時下來。
　　　　杜甫〈喜觀即到復題短篇〉：待爾嗔烏鵲，拋書示鶺鴒。

【科小檔案】
鶺
鴒
cilla cinerea
科

本科全世界62種，台灣10種，大陸18種。體型纖小，嘴細尖，頸短，身體細長，尾羽和腳亦長。體色以黑、灰、褐、黃及橄欖色為主，外側尾羽白色。灰鶺鴒體型纖長，黑嘴尖細。雄鳥的頭上至背羽為鼠灰色，翼黑褐色，白眉；雌鳥大致相同。主要棲息於草地、沼澤地或近水域之灘地，喜在地面上邊走邊覓食，且在停棲時常擺動尾羽，飛行呈波浪狀，邊飛邊叫，只有在遇警時停棲不動。以昆蟲為主食，營巢於地面上或穴隙中。

在中國最早的詩歌集中即有鶺鴒記載，《詩經》〈小雅·棠棣〉云：「脊令在原，兄弟急難。」脊令即今之鶺鴒，此詩以鶺鴒為友悌之情的象徵，此後中國文學中提到這種鳥類時，也都不脫相同的象徵意義。《全唐詩》中提到鶺鴒者一共有三十一句，大多與兄弟之情有關，如許渾〈送從弟別駕歸蜀〉：「已稱鸚鵡賦，寧誦鶺鴒詩」、趙防〈書秋日寄弟〉：「鶺鴒今在遠，年酒共誰斟」及王維〈靈雲池送從弟〉：「自歎鶺鴒臨水別，不同鴻雁向池來」等。

古人早已知道鶺鴒是水鳥，在生態習性上，也觀察到牠「飛則共鳴，行則搖尾」的特性。鶺鴒會成群在草原上集體覓食，而且是邊吃邊走邊搖尾，一副席不暇暖的樣子，彷彿是同群鳥兒有難，急著填飽肚子趕緊前往相救之貌，因此古人借喻為兄弟急難相共的象徵。鶺鴒成群聚集的習性，早在唐朝時就有記載，當時士子曾經描寫暮秋九月時，有成千上萬隻「飛鳴行搖」的鶺鴒一起棲集在庭園中的情景。

鶺鴒的羽色不一，其中羽色蒼白似雪的白鶺鴒，古人特稱為「雪姑」。此外，國畫中也經常以黃鶺鴒與灰鶺鴒入畫。古有「鶺鴒鳴則天當大雪」之說，這種說法以今日的鳥類學來解釋，一點也不足為奇，這是因為鶺鴒為候鳥，當牠們鳴叫時，必定是北地大寒無法覓食，而必須啟程飛往江南越冬的時節。

左上圖：黃鶺鴒與灰鶺鴒羽色與習性相近，只是背部羽色偏黃。
左圖：灰鶺鴒在水邊覓食時會邊走邊抖動尾羽，就像趕赴急難一般。

【鷓鴣

古又名：懷南、逐影
今名：鷓鴣

花月樓臺近九衢₁，清歌一曲倒金壺。

座中亦有江南客₂，莫向春風唱鷓鴣。

────鄭谷〈席上貽歌者〉

【註解】1.九衢：衢，音渠。九衢指京城繁華之處。
　　　　2.江南客：指自江南到京城作客者，鄭谷自喻。

【另見】李白〈山鷓鴣詞〉：苦竹嶺頭秋月輝，苦竹南枝鷓鴣飛。
　　　　柳宗元〈放鷓鴣詞〉：越鳥越巢甘且腴，嘲嘲自名為鷓鴣。
　　　　李益〈山鷓鴣詞〉：湘江斑竹枝，錦翅鷓鴣飛。
　　　　羅鄴〈放鷓鴣〉：花時還客傷離別，莫向相思樹上啼。
　　　　崔塗〈放鷓鴣〉：滿身金翠畫不得，無限煙波何處歸。
　　　　李群玉〈九子坂聞鷓鴣〉：落照蒼茫秋早明，鷓鴣啼處遠人行。
　　　　鄭谷〈鷓鴣〉：暖戲煙蕪錦翼齊，品流應得近山雞。

【類小檔案】
竹雞／台灣山鷓鴣
rophila crudigularis

本科全世界155種，台灣7種，大陸59種。包括松雞、鶉、雉和孔雀，體型似雞，羽色豔麗。深山竹雉又名山鷓鴣，嘴黑，腳紅，額及眉暗灰色，頭頂橄褐色，頸側黑色，喉部雜有白羽，背部橄褐色，翼有栗褐斑；眼周圍栗褐色，外緣黑色，頰、喉及前頸為白色，胸、脅有白縱斑；尾下覆羽黃褐色，有黑斑；雌雄鳥同色。棲息於中、低海拔的樹林底層或草叢中，性隱秘，不易見，以嫩芽、漿果、昆蟲為食，在地面或岩縫間築巢。

鷓鴣產自南方溫暖之地，性畏霜露之寒，所以早晚稀出，而且會南飛以逐日取暖，夜宿時則藏身在和羽色相近的木葉中。《禽經》說鷓鴣南飛是因為心志懷南而不思北地，因此鷓鴣又別稱「懷南」。

鷓鴣體型大如竹雞，羽色與雌雉相似，身上紋路黑白交雜如鶉，只是胸前有珍珠狀的斑白圓點。《酉陽雜俎》說鷓鴣每月只飛翔一次，且形跡難定，江南居民不易設網捕捉。可知，鷓鴣是不喜飛行的陸棲性鳥類，非到受驚無法覓地而逃時，不輕易振翅飛竄。又因生性羞怯機警，所以多在密林深處或草叢中活動。鷓鴣性好潔，獵人會在茂林間掃淨一區，再撒些稻穀誘引牠且步且啄而誤踩黏竿。南方人專門用來烤食，肉白而脆，據說滋味遠勝一般的雞與雉。

鷓鴣是南方所特有的鳥類，所以離鄉背井的南方人一聽到鷓鴣鳴聲，就會興起思家愁緒。鄭谷詩句：「座中亦有江南客，莫向春風唱鷓鴣。」完全道盡了鷓鴣的文學意涵，所以鄭谷才有「鄭鷓鴣」外號。

古籍還提到衡州南靈的鷓鴣，可以化解嶺南野葛諸菌之毒以及辟除瘴氣。其實這是因為鷓鴣無法在瘴毒或受污染的環境下生存，所以只要鷓鴣出現，就表示這裡的生態環境尚未受到污染。

李時珍說鷓鴣多對啼。宋朝以後，民間說其鳴聲是「行不得也哥哥」，所以情詩中多所吟詠。

左上圖：這是中國南方最常見的鷓鴣，是古代山林的守護神。
左圖：深山竹雞又名台灣山鷓鴣，是台灣特有種。

【鷸

古又名：述
今名：鷸

芙蓉村步失官金，折獄₂無功不可尋。

初掛海帆逢歲暮，卻開山館值春深。

波渾未辨魚龍跡，霧暗寧知蚌鷸心₃。

夜榜歸舟望漁火，一溪風雨兩巖陰。

　　　　　　　　　——許渾〈新興道中〉

【註解】1. 鷸：音育。

2. 折獄：判案。

3. 蚌鷸心：指蚌鷸相爭的心理。

【另見】段成式〈蛤像聯二十字絕句〉：寧同蚌頑惡，但與鷸相持。

李咸用〈和殷衙推春霖即事〉：蚌鷸徒喧競，笙歌罷獻酬。

【鳥類小檔案】

張鷸

omachus pugnax

本科全世界87種，台灣41種，大陸48種，分布於世界各地，為小至大型水鳥。細嘴或直或彎，頸、嘴、腳均較長，以便涉足於泥地和沙土中覓食，喜群居。通常於北方繁殖，南方渡冬。翅狹長而尖，適合長途遷徙，飛行力強，亦善行走。棲息於河邊、湖岸等水澤地，以各類無脊椎動物為食。營巢於地上，雌雄鳥外形相似。流蘇鷸繁殖季時，雄鳥有耳狀飾羽，頸部有流蘇狀飾羽，在鷸科中羽色屬華麗者，雌鳥體型較小，無飾羽。

在《全唐詩》中只有三首詩明白提到鷸，不是因為這種水鳥不易見到或已滅絕，而是牠們多數屬於成群遷徙及覓食的候鳥，在缺乏現代鳥類學的分類知識下，古人往往將之歸類為雁鴨科鳥類。唐詩中泛稱鳧鷺者（漫天飛舞的水鳥），其中固然有雁鴨類，其實也應該有鷸科鳥類，例如顧非熊〈閶門書感〉：「鳧鷺踏波舞，樹色接橫塘」即是一例。

此外，鷸科鳥類以水生動物為主食，古人也往往會與翠鳥（見54頁）、鸕鷀（見110頁）、鷺鷈（見108頁）等相混。例如《爾雅》提及「翠鷸」時，引述《漢書》「鷸羽可以飾器物」，所指即是翠鳥；《左傳》「鄭子臧好聚鷸冠」，提到的鷸也是翠鳥。一直到《本草綱目》引陳藏器之說，表示「鷸如鶉，色蒼嘴長，在泥塗間作鷸鷸聲。」才將鷸的型態及生態特點言明。

古人認為「鷸有紋而貪」，先秦時還衍生出鷸蚌相爭的故事。《戰國策》載云，蘇秦兄弟遊說趙惠王勿攻打燕國時，告訴惠王說，他路過易水時曾見鷸啄蚌肉、蚌銜鷸嘴，兩者糾纏不休，鷸說離水過久的蚌若不鬆口，加上不下雨，則蚌必會久曬而死；蚌則說若鷸不鬆口，兩天後就會因無法進食而死亡。結果最後鷸蚌都落入路過的漁夫之手。

鷸一名述，古人認為牠可以預卜起風降雨，在天將雨時會出聲鳴叫，所以稱牠為「知天者」。

左上圖：先秦以後，鷸鳥讓人留下「貪」的刻板印象。
左圖：正在啄食蚌蛤的流蘇鷸，鷸蚌相爭的故事似乎正要上演。

【鷦鷯】

1

古又名：桃雀、巧婦、
鳭2鷯等

今名：鷦鶯

湘浦懷沙已不疑，京城賜第豈前朝。

鼓聲到晚知坊遠，山色來多與靜宜。

簪履尚應憐故物，稻粱空自愧華池。

新詩問我偏饒思，還念鷦鷯得一枝。

──────徐鉉〈和蕭少卿見慶新居〉

【註解】 1. 鷦鷯：音交聊。
2. 鳭：音雕。

【另見】 羅隱〈廣陵春日憶池陽有寄〉：別後故人冠獬豸，病來知己賞鷦鷯。
吳融〈閒書〉：大底鷦鵬須自適，何嘗玉石不同焚。
寒山〈詩三百三首〉：常念鷦鷯鳥，安身在一枝。
白居易〈我身〉：窮則為鷦鷯，一枝足自容。
白居易〈自題小草亭〉：螻蟻謀深穴，鷦鷯占小枝。

本科全世界約279種，台灣24種，大陸96種，除兩極外，分布世界各地。灰頭鷦鶯頭羽及眼先暗灰色，臉部灰白色，喉至上胸為白色，下胸與腹部粉黃色，背羽橄褐色，腰與尾略帶黃色，有褐色的長尾羽。棲息於平地至中海拔的農耕地及開闊的草叢間，性機警，喜在葦枝頭鳴叫，鳴聲尖細清脆，體型纖細瘦小，雌雄相似。以昆蟲為主食，也吃種子與果實，平日單獨或成雙在草叢間跳躍，營巢於蘆葦或芒草上。

不少詩人喜歡以「鷦鷯一枝」來比喻自己生活簡樸、欲求淡泊。此典故源自《莊子》〈逍遙遊〉：「鷦鷯巢於深林，不過一枝。」後人便借用「鷦鷯一枝」來形容只圖棲身之所，不冀求高位的心境，常用以自喻知足。晉朝張華〈鷦鷯賦序〉說這種小鳥「生於蒿萊之間，長於藩籬之下，翔集尋常之內，而生生之理足矣。」進一步渲染其棲息方式。

古人早已觀察到鷦鷯喜歡剖開葦皮，以捕食藏在其中的昆蟲，也會用喙尖啄取茅草織巢，並用麻絮、蜘蛛絲等固定，將一房或二房懸於蒲葦之上，就此安頓下來，別無大庭廣廈之求。所以古人常用以自況甘於清貧生活，例如杜甫〈宿府〉就有：「已忍伶俜十年事，強移棲息一枝安」句。

《詩經正義》引陸璣疏，說鷦鷯「微小於黃雀，其雛化而為鵰，故俗語鷦鷯生鵰。以喻小惡不誅，成為大惡。」古人所說的這種身軀變形，其實是「杜鵑托卵」現象（見118頁）所產生的錯誤聯想。

這種鳥兒與今日鷦鷯科的鳥類顯然不同。鷦鷯科鳥類體型圓胖，嘴細翼短，主要棲息於草叢及樹林下層，以昆蟲為主食，性隱僻，不易見到，通常築巢於岩石隙中或土壁上。其築巢方式與古籍所說的「巢於一葦」的鷦鷯明顯不同，「鷦鷯一枝」的鳥兒應該是鶯科的鷦鶯一類。

左上圖：褐頭鷦鶯築巢於葦枝上，安身簡約，詩人譽之為知足的隱者。
左圖：灰頭鷦鶯喜築巢於葦枝上，一枝即可安身立命。

古又名：鵄[1]、鳶

今名：老鷹等

鷲翮金僕姑[2]，燕尾[3]繡蝥弧[4]。

獨立揚新令，千營共一呼。

—————盧綸〈塞下曲〉

【註解】1. 鵄：音鴟。

2. 金僕姑：春秋時箭名。

3. 燕尾：旗上飄帶似燕尾。

4. 蝥弧：音毛胡，古時諸侯之旗，此處指軍旗。

【另見】雍陶〈送于中丞使北蕃〉：遠鵰秋有力，寒馬夜無聲。

溫庭筠〈送并州郭書記〉：塞城收馬去，烽後射鵰歸。

許棠〈成紀書事〉：天垂大野鵰盤草，月落孤城角嘯風。

曹松〈送左協律京西從事〉：時平無探騎，秋靜見盤鵰。

李益〈輕薄篇〉：天生俊氣自相逐，出與鵰鶚同飛翻。

譚用之〈送友人歸青社〉：鵰鶚途程在碧天，綠衣東去復何言。

貫休〈送生入越投知己〉：預思秋薦後，一鶚出乾坤。

劉禹錫〈送元簡上人適越〉：浙江濤驚獅子吼，稽嶺峰疑靈鷲飛。

【類小檔案】
鷲
vus migrans
鷹科

本科全世界236種，台灣23種，大陸46種，分布世界各地。老鷹屬中至大型猛禽，身長55-60公分，翼長135-155公分。全身羽色暗褐，羽緣有淡褐色。頭、腹有淡褐色縱斑，尾羽呈燕叉狀。一名黑鳶，善於飛翔，腳和趾強而有力，雌鳥體型大於雄鳥。棲息於海岸、河口、湖泊、港口等處，常翱翔於海面、山區與城郊，以鼠、兔、魚、蛙等為食。營巢於樹上。可作為古代鵰鷲的代表鷹種之一。

古籍將「鷙鳥之窺玄者」，即猛禽之淺黑色且體型大者，稱為「大鵰」或「鷲」。這類猛禽屬於似鷹而大的黑色猛禽，俗稱「皂鵰」，飛行能力強，可以上薄雲漢。

鵰鷹類的羽翮可以乘風勁飛，古代用於製作箭羽。《唐書》〈地理志〉就記載著邊地友邦多有進貢鵰、鶻羽及白鶻羽者。傳說如果有鵰毛錯落在草地上，則眾鳥的毛羽也會自動落地。其實這是暗示若有鵰鳥出現，則此區的眾鳥必會為鵰鳥所獵食，因此牠們的羽毛就會遺留在草地上。

李時珍綜合諸說，以為鵰與鷹外形相似而體型較大，尾較長且翅較短，這種別名鷲的猛禽類勇悍多力，盤旋空中時能明察秋毫，無細不睹。除了產自北地一身烏羽的「皂鵰」之外，還有產自遼東一帶的「青鵰」，其中最俊好者稱為「海東青」。此外，西南夷則有一種黃頭赤目五色皆備的「羌鷲」。

至於食性上，鵰類因為體型較大，所以能搏擊較大型的動物，《南史》〈波斯國傳〉就曾記載鷲食羊為患的事件。

傳說西南邊境還有一種「靈鷲」，能卜吉凶，占人將死，食屍肉盡之後才離去。其實，這是因為禿鷲類的鷲鷹，鼻子最為靈敏，能嗅及廣大範圍的獵物活動情形，並非真能預知吉凶。

左上圖：大型鵰是古代邊疆方國上貢給朝廷的禮物，用途是製作箭羽。
左圖：翱翔於海上的老鷹，古代是屬於鵰類的猛禽之一。

古又名：鵝[1]鳩、鶙[2]、鷙[3]鳥、鶘[4]

今名：鷹

旅人無事喜，終日思悠悠。逢酒嫌杯淺，尋書怕字稠。

貧來許錢聖[5]，夢覺見身愁。寂寞中林下，飢鷹望到秋。

―――――――姚合〈客舍有懷〉

【註解】1. 鵝：音雙。

2. 鶙：音糧。

3. 鷙：音志。

4. 鶘：音胡。

5. 錢聖：錢神。

【另見】孟浩然〈南歸阻雪〉：積雪覆平皋，飢鷹捉寒兔。

王維〈觀獵〉：草枯鷹眼疾，雪盡馬蹄輕。

韓偓〈天鑒〉：猛虎十年搖尾立，蒼鷹一旦醒心飛。

張籍〈宮詞〉：新鷹初放兔猶肥，白日君王在內稀。

李白〈行路難〉：華亭鶴唳詎可聞，上蔡蒼鷹何足道？

杜甫〈畫鷹〉：素練風霜起，蒼鷹畫作殊。

【類小檔案】
頭蒼鷹
ipiter trivirgatus
鷹科

本科全世界236種，台灣23種，大陸46種。鳳頭蒼鷹屬中型猛禽，身長42-48公分，翼長65-85公分。頭羽鼠灰色，具冠羽，白喉間有一道黑色央線，背部暗褐色，胸有深栗色縱斑，腹有深栗色橫紋。黃嘴，嘴尖呈鉤狀，翼短而圓，善於飛翔，腳趾強而有力，具鉤爪。雌鳥體型大於雄鳥。棲息於中低海拔的山區，領域性強，常翺翔於高空或停棲於樹上，營巢於樹上。大多以鼠類為食，也吃小型鳥類，是中型鷹科鳥類的代表。

古人往往將「鳩」與「鷹」混為一談，原因除了分類不如今日細膩之外，主要是古人誤以為鳩、鷹會在春、秋兩季互相轉化形軀（見122頁）。

古人對於鷙鷹科的分類，有從食性而分成雉鷹、兔鷹、蛇鷹、魚鷹等。其中還有能獵捕小羊、小鹿者，甚至更傳說有所謂的「虎鷹」，可以「飛捕虎豹，身大如牛，翼廣二丈」。仔細推敲，不難發現古人所說的虎鷹，應該就是今日兀鷲類的猛禽。牠們雖然不能真的飛捕虎豹，卻能伸長脖子啄食虎豹等大型動物的腐屍內臟。古人未能長時間觀察其來龍去脈，才會誤以為這些動物死屍是兀鷲親自捕食而來的。

從羽色來說，鷹又可分成黃鷹、赤鷹、蒼鷹、青鷹等；而對於鷙鷹之頭羽有微翹者，則稱為角鷹，就像鴟鴞科中有角鴞的分法一樣。

《酉陽雜俎》已發現鷹類的體型是雌大雄小，且雌雄鳥羽色相近。此外，也依據羽色與體型的差別而將不少鷹科鳥類再加以細分，如雉鷹除了體型較小及雛鳥羽毛雜色之外，成鳥的羽色、獵捕技巧與兔鷹完全相同。《禽經》則區分「鷹隼」為兩種，認為鷹好峙立，而隼好飛翔，並說「鳩（鷙）鷹」又稱「鶌」，為大型猛禽。一說北稱鷹、南稱鶌或大者鷹、小者鶌或大者鳩而小者隼。現今分類即依據這種說法，只是將「鳩」字改成了「鷙」字。

左上圖：古人除了以鷹為志向高遠的代表外，也視之為威武的象徵。
左圖：飛掠到地上捕食野兔的鳳頭蒼鷹。

【鸂鶒】

古又名：鸂鶒[2]、紫鴛鴦
今名：鳳頭潛鴨、澤鳧

鸂鶒雙飛下碧流，蓼花蘋穗正含秋。

茜裙[3]二八[4]採蓮去，笑衝微雨上蘭舟。

　　　　　　　　　　————李中〈溪邊吟〉

【註解】1. 鸂鶒：音七耻。
　　　　2. 鶒：音赤。
　　　　3. 茜裙：茜草汁染成的紅裙。
　　　　4. 二八：十六歲。

【另見】杜牧〈宿東橫山瀨〉：獼猴懸弱柳，鸂鶒睡橫楂。
　　　　許渾〈懷江南同志〉：蒲深鸂鶒戲，花暖鷓鴣眠。
　　　　李群玉〈野鴨〉：鸂鶒借毛衣，喧呼鷹隼稀。
　　　　杜甫〈卜居〉：無數蜻蜓齊上下，一雙鸂鶒對沉浮。
　　　　劉兼〈蓮塘霽望〉：萬疊水紋蘿作展，一雙鸂鶒繡初成。
　　　　包佶〈酬顧況見寄〉：寒江鸂鶒思儔侶，歲歲臨流刷羽毛。

【類小檔案】

鳧

aythya fuligula

鴨科

本科全世界有157種，台灣34種，大陸50種。澤鳧身長40公分，扁嘴為鉛灰色，先端黑色，眼黃色，腳灰黑色。雄鳥頭至頸部為黑紫色，頭後有飾羽，除下胸、腹、脅為白色外，其餘各處為黑色。雌鳥飾羽較短，除白腹外，餘多為黑褐色，趾間有蹼。主要棲息於湖泊、田澤等處，以水生動植物為主食。性群棲，在水面游泳時，常將尾下垂拖於水面，善潛水覓食，又名潛鴨。雄鳥頭頸部的紫金屬光澤，是得名「紫鴛鴦」的原因。

鸂鶒產自南方，毛有五彩之色，尾羽如船柁，體型比鴨小，屬短凫一類的水鳥。李時珍進一步指出鸂鶒的體型大於鴛鴦，喜歡成雙活動，而且羽色多紫，所以稱為「紫鴛鴦」。《爾雅翼》則說有種羽色五彩且頭有纓帶者，也稱鸂鶒，這種鳥兒與鴛鴦相類，只是羽色多紫。李白詩「七十紫鴛鴦，雙雙戲庭幽」，所說的紫鴛鴦就是鸂鶒。據古籍所述的形貌特徵，雁鴨科中只有頭頸部泛著紫色金屬光澤的雄澤凫符合，因此鸂鶒應指今日的澤凫，又稱鳳頭潛鴨。

鸂鶒對於周遭環境有敏銳的觀察能力，所棲息的山澤或溪流必是「無復毒氣」，亦即只有水質清淨之處才能找到牠們。由於這種潔身自愛的習性，古人視之為「禽鳥中的智者」，因此依名立意，認為鸂鶒能救水辟毒，故名「鸂鶒」，即〈淮賦〉所云「鸂鶒尋邪而逐害」。古時江邊人家多飼養以防毒。此外，鸂鶒成雙出現，也代表升官吉兆。

《唐書》曾記載倪若水勸諫玄宗切勿因派人獵捕鸂鶒等南方的奇禽怪羽，而荒廢男耕女織，並說只為園囿賞玩之樂而遠途勞頓地運回珍禽，會讓百姓以為國君賤人而貴鳥，玄宗納諫而放生原有者。據說玄宗曾於端午時與貴妃往興慶池避暑，在水殿畫寢時，眾宮嬪來報爭賞鸂鶒，玄宗戲說：「爾等愛水中鸂鶒，怎如我被底鴛鴦。」一時傳為美談。

左上圖：如今稱為澤凫的鸂鶒，是古代溪流的守護神。
左圖：黑紫色的頭羽為鸂鶒贏得紫鴛鴦之美譽。

【鷿鷈

古又名：鶻鷉2、油鴨、
　　　　刁鴨、野鳧

1　今名：鷿鷉

臘3晴江煖鷿鷈飛，梅雪香黏越女衣。

魚市酒村相識遍，短船歌月醉方歸。

　　　　　　　　————羅鄴〈南行〉

【註解】1. 鷿鷈：音辟替。
　　　　2. 鶻鷉：音古提。
　　　　3. 臘：臘日，一般以農曆十二月八日為臘日。

【另見】張蠙〈龜山寺晚望〉：四面湖光絕路岐，鷿鷈飛起暮鐘時。
　　　　杜牧〈朱坡絕句〉：藤岸竹洲相掩映，滿池春雨鷿鷈飛。
　　　　鄭錫〈度關山〉：象弭插文犀，魚腸瑩鷿鷈。
　　　　崔玨〈和友人鴛鴦之什〉：翡翠莫誇饒彩飾，鷿鷈須羨好毛衣。
　　　　杜甫〈奉贈太常張卿二十韻〉：健筆凌鸚鵡，銛鋒瑩鷿鷈。

【鳥類小檔案】
鷿鷈
hybaptus ruficollis
鷿科

本科全世界19種，台灣4種，大陸5種。中至大型水鳥，分布於世界各地。雌雄鳥羽色相同，身長26-56公分，體型肥胖，嘴尖尾短，趾間有瓣蹼。小鷿鷈嘴黑色，先端乳黃色，夏羽背、胸為黑褐色，腹淡褐色，眼黃色，頰及頸側紅褐色；冬羽褐紅色較淡。主要棲息於沼澤、湖塘地帶，以魚類與水生昆蟲為主食。由於腳位於體腹之後端，不善行走、善潛泳、築造浮巢使用，雛鳥常乘於親鳥背上。

鷿鷈在《全唐詩》中出現十六次。這種鳥兒在野鴨中是屬於體型很小的水鳥，一名刁鴨，多脂味美，冬月最多。《爾雅》提及鷿鷈時，說「似鳧而小，膏中瑩刀」，指出鷿鷈的外形類似野鴨，而其體內的油脂則可以用來擦亮刀劍。〈續英華詩〉：「馬銜苜蓿葉，劍瑩鷿鷈膏」，以及唐朝詩人衛象〈古詞〉：「鵲血雕弓濕未干，鷿鷈新淬劍光寒」、殷堯藩〈寒食城南即事因訪藍田韋明府〉：「徒說鷿鷈膏玉劍，漫夸蚨血點銅錢」等，對於鷿鷈膏（油脂）的用途，說法完全一樣。

鷿鷈之所以分泌油脂，當然不是為了讓捕食牠們的人類，在啃食牠們鮮美的肉之餘，還可以用來淬煉刀劍。而是因為鷿鷈是水鳥，經常要下水捕食，因此這些油脂最主要的目的是用來塗敷在羽毛上，形成防水保暖的保護層。

明朝李時珍《本草綱目》說鷿鷈一名「油鴨」，是因為這種鳥兒體脂肥美，卻略過其護羽防水的功能不談。不過，李氏引用陳藏器的描寫，說鷿鷈是體型大如鳩、鴨的水鳥，腳尾相近，不善陸行，且經常在水中活動，警戒性相當強，若遇生人靠近即沉入水中，其油脂塗刀劍不鏽。這段引述也算是補充了鷿鷈膏油的用途。此外，《方言》還指出，鷿鷈喜歡潛入水中覓食，體型小者稱為鷿鷈，大者稱為鶻鷈。

左上圖：外覆冬羽的雄鳥其貌不揚，在水中隨波沉浮。
左圖：帶著幼鳥出遊的小鷿鷈，其油囊分泌的油脂可用來保養刀劍。

【鸕鷀

古又名：鸕、鷀、壹鳥
　　　　烏鬼、鸕賊等
1 今名：鸕鷀

門外鸕鷀久不來，沙頭忽見眼相猜。

自今以後知人意，一日須來一百迴。

————杜甫〈三絕句〉

【註解】1.鸕鷀：音盧茲。

【另見】王維〈鸕鷀堰〉：乍向紅蓮沒，復出青蒲颺。
　　　　岑參〈還高冠潭口留別舍弟〉：東谿憶汝處，閒臥對鸕鷀。
　　　　戎昱〈江城秋霽〉：遠天蟬蛻收殘雨，映水鸕鷀近夕陽。
　　　　陸龜蒙〈北渡〉：輕舟過去真堪畫，驚起鸕鷀一陣斜。
　　　　鄭谷〈寄贈楊夔處士〉：結茅祇約釣魚臺，潑水鸕鷀去又迴。
　　　　杜甫〈田舍〉：鸕鷀西日照，曬翅滿魚梁。
　　　　白居易〈池鶴〉：轉覺鸕鷀毛色下，苦嫌鸚鵡語聲嬌。

本科全世界有39種，台灣4種，大陸5種，分布於全球。身長82公分，嘴喙狹長，先端彎成鉤狀，眼旁裸露無毛，頸部和身體長而細，尾羽長且硬，腿短而腳大，蹼足，雌雄鳥相似。夏羽大體黑色，嘴基部內側黃色，裸膚白色，頰後方及後頸有白色細毛；冬羽與夏羽相似，但無白羽。棲息於沿海及內陸河川、湖泊及沼澤等地，以魚類、甲殼類為主食。喜集群築巢在樹上或岩石峭壁。

鸕鶿原名鸕或鶿，均因羽色深黑如鴉而得名。江南水鄉，隨處可見，日集洲渚，夜巢林木。古人已知鸕鶿為水鳥，其嘴彎曲如鉤，善於潛水捕魚。舊以為魚入其喉則爛，因此中醫認為鸕鶿骨頭可治鯁噎之症，其實這是其消化功能特佳之故。

古人以為這種鳥類係由口中吐出雛鳥，寇宗奭則舉自己野外觀測所得來駁斥這種說法，他發現棲息在官舍後的鸕鶿既能交尾，也有碧色卵殼掉落地面。古人之所以有此錯誤認知，大概是因為鸕鶿親鳥會將魚存放在嘴中，讓雛鳥伸長頸子到喉中取食的關係。

杜甫〈戲作俳諧體遣悶〉有「家家養烏鬼，頓頓食黃魚」句，係引用三峽當地人呼鸕鶿為「烏鬼」的稱法。江南一帶的漁夫會畜養鸕鶿來協助捕魚，他們先用繩子綁在鸕鶿的頸上，再訓練牠們入水捕魚，由於頸子被綁住，牠們只能吃小魚，大魚則會鯁存在喉道間，只要倒提鸕鶿，魚兒便會從口中吐出。利用鸕鶿捕魚的方法早在隋代時就已盛行，連邊境的倭國也懂得利用。由於鸕鶿具有不凡的捕魚功力，因此還被戲稱為武官小尉。捕完魚的鸕鶿在浮出水面後，會到岸石上張開雙翼晾乾。

《本草綱目》記載，鸕鶿屎色紫如花，積久後的糞毒會導致樹木乾枯，用於入藥則稱為「蜀水花」，唐人取之製作面膏，可除去臉上黑痣。

左上圖：在岸邊休息的鸕鶿，因羽色烏黑，所以有賊、鬼等稱呼。
左圖：停棲在清碧溪水中的鸕鶿，是外號摸魚公的捕魚高手。

【鸚鵡】

古又名：鸚母、鸚哥、隴□
今名：鸚鵡

寂寂花時₁閉院門，美人相並立瓊軒₂。

含情欲說宮中事，鸚鵡前頭不敢言。

————朱慶餘〈宮中詞〉

【註解】1. 寂寂花時：指盛春花開時節，卻覺得寂聊無趣。
　　　　2. 瓊軒：華麗的長廊。

【另見】白居易〈鸚鵡〉：人憐巧語情雖重，鳥憶高飛意不同。
　　　　白居易〈紅鸚鵡〉：安南遠進紅鸚鵡，色似桃花語似人。
　　　　花蕊夫人〈宮詞〉：碧窗盡日教鸚鵡，念得君王數首詩。
　　　　張祜〈鸚鵡〉：無事能言語，人聞怨恨深。
　　　　劉禹錫〈和樂天鸚鵡〉：誰道聰明好顏色，事須安置入深籠。
　　　　杜牧〈鸚鵡〉：不念三緘事，世途皆爾曹。

【類小檔案】
領綠鸚鵡
acula krameri
鳥科

本科全世界331種，台灣沒有，大陸6種。分布於熱帶到亞熱帶之間，體型大小不一。紅領綠鸚鵡全身綠羽，身長42公分。嘴端向下鉤曲，兩翼短而略圓，飛行有力，紅嘴短厚，雄鳥喉部為黑色，領線一紅一黑，尾羽藍綠色、尾端黃綠色；雌鳥羽色大體與雄鳥相近，頭羽綠色為主，不似雄鳥多變化。屬樹棲性鳥類，常在山林間結群取食漿果、種子等，邊飛邊鳴，鳴聲噪雜，可馴養以模擬人語，營巢於樹洞中。在台灣為籠中鳥。

鸚鵡是南方鳥類，忌寒，遇寒易罹病而死。古代邊疆地區常向中原進貢這種珍稀鳥類，秦漢以後的詩文作品中，已有鸚鵡的記載，《全唐詩》中更有近兩百首詩提及。

鸚鵡是名貴的籠鳥，外觀美麗，易於馴養，經過調教後可學人語，甚至開口罵人、喚人或報訊，還會識名及通人情，有時鸚鵡無意中學舌也會招惹是非，因此詩人子蘭〈鸚鵡〉一詩說：「近來偷解人言語，亂向金籠說是非。」《紅樓夢》第三十五回也記載名為雪雁的鸚鵡能背誦林黛玉的葬花詞。

鸚鵡聰慧能言，卻受到剪翅及入籠的命運，終身仰望青天而不得。因此，詩人常借鸚鵡來反省或抒志。其中寫得最出色的，首推杜甫的〈詠鸚鵡〉：「鸚鵡含愁思，聰明憶別離。翠衿渾短盡，紅嘴謾多知。未有開籠日，空殘宿舊枝。世人憐復損，何用羽毛奇。」本詩寫出鸚鵡自省的過程，只因巧嘴能言人語而受困籠中，最後懊悔自己為何要羽毛亮麗而惹人憐愛，反而遭來禍害。杜甫將才學之士為求官所困的情形，藉由鸚鵡的處境來比擬，讓人讀之動容。此外，詩人也常以籠中鸚鵡來比擬深鎖後宮的女子。

鸚鵡的能言善語，偶爾也被喻指為負面形象的人物，例如不知民間疾苦的富貴人家，以及為逞口舌之快而搬弄是非的小人。

左上圖：紅吸蜜鸚鵡在唐朝屬於珍稀籠鳥，白居易曾專篇詠頌。
左圖：鸚鵡經過剪舌調教後能模仿人語，綠鸚鵡是唐朝常見的籠中鳥。

【鸛鳥

古又名：瓦亭仙、旱群、負釜、皀君
今名：鸛

樓中見千里，樓影入通津。煙樹遙分陝[1]，山河曲向秦[2]。

興亡留白日，今古共紅塵。鸛雀飛何處，城隅草自春。

──────── 司馬扎〈登河中鸛雀

【註解】1. 陝：泛指今陝西一帶。
　　　　2. 秦：都城長安所在地。

【另見】張謂〈讀後漢逸人傳〉：鸛鶴巢茂林，黿鼉穴深水。
　　　　孟郊〈寄洛州李大夫〉：鸛陣常先罷，魚符最晚分。
　　　　杜甫〈夏夜歎〉：北城悲笳髮，鸛鶴號且翔。
　　　　司空曙〈苦熱〉：鸛鶴投林盡，龜魚擁石稠。

【類小檔案】
方白鸛
onia boyciana
科

本科全世界19種，台灣2種，大陸5種，遍及全球濕地。全為長腳之大型涉禽，嘴長而堅，頸翅長，尾短而圓，脛下半部裸出，雌雄鳥體羽顏色相同。東方白鸛身長111公分，翼長200公分，全身白羽，前頸下有飾羽，羽後緣黑色，有銅綠色光澤，堅長的嘴黑色，先端較淡，眼周圍裸膚為鮮紅色，腳暗紅色，常單獨或小群佇立在沼澤、湖泊的淺水處啄食魚蝦等水生動物，也會飛上樹梢休息。營巢於樹上或屋頂。

朱熹註解《詩經》時，說「鸛，水鳥，似鶴者也。」正由於鶴、鸛及鷺鷥外形十分類似，因此自古至今，一般人經常會分辨不清。《禽經》甚至還說「鸛生二子，一為鶴。」兩粵稱鸛為「灰鶴」，常人多稱鸛為「鸛鶴」，都是這種混淆現象的例子。

其實，古人已經知道鸛是屬於陸鳥而非水鳥，不過卻偏愛水鳥般的覓食行為。依據古人的分類，短腳如鳧雁者多伏，而長腳多立者，則以鶴鸛類為代表，就算是夜棲亦站立而宿。水生之鳥嘴圓而善嗺（音雜，食魚聲），以鵝鴨為代表；陸生之鳥嘴直而善啄，也是以鶴鸛類為代表。鸛的飛行能力甚強，能穿越風雨而過，江淮之人稱其旋飛的景象為「鸛井」；而古代軍事家也由此而創造出與「鵝陣」齊名的「鸛陣」。鸛也吃蛇，捕蛇能力一如鳩鳥（見58頁），在對峙過程中，鳥喙的動作彷如書符作法。

由於鸛鳥喜歡在殿閣及民房屋宇築巢，所以外號「瓦亭仙」。《毛詩陸疏廣要》指出：「鸛一名鸛雀，長頸赤喙，白身黑尾翅，築巢樹上，巢大如車輪，卵大如三升之杯，若有干擾，則會棄巢而去。」《蓷經》則視鸛鳥為瑞鳥，這與西洋人的看法相近。據《坤輿圖說》的記載，南亞墨利加州伯西爾有種喜鵲，吻長而輕，約長八寸。比對其繪圖，可知這種產自南美洲巴西的喜鵲，應該是西洋傳說中送子的鸛鳥。

左上圖：在西洋文化中，白鸛是可以帶來好運的送子鳥。
左圖：中國古代軍事家觀察白鸛行止而悟出以鸛陣退敵的兵法。

【精衛塡海恨難平

負劍出北門，乘桴適東溟。一鳥海上飛，云是帝女靈。

玉顏溺水死，精衛空為名。怨積徒有志，力微竟不成。

西山木石盡，巨壑何時平。

—————岑參〈精衛〉

唐詩共有十一首詩提到精衛，數量並不多。至於精衛到底是哪種鳥類，顯然唐朝詩人已難以辨明。這種源自神話故事中的鳥兒，象徵意義在中國文學作品中廣受引用。

精衛又有冤禽、志鳥、鳥市、帝女雀等多種稱呼，關於其傳說最早見於《山海經》的記載：「發鳩之山，其上多柘木，有鳥焉，其狀如烏，文首，白喙，赤足，名曰精衛，其名自詨。是炎帝之少女，名曰女娃，女娃遊於東海，溺而不返，故為精衛，常衛西山之木石，以堙於東海。」可知傳說精衛這種鳥兒是由炎帝的小女兒女娃溺死後所變，其外形如烏鴉，白頭白喙且赤足，鳴聲聽起來像「精衛」，因此而得名。女娃死後為了避免後人也在東海遇難，於是每天往來於西山，衛著小小的木石想要塡平浩瀚遼闊的東海。

其後，《述異記》也記載了類似的事，不過又加以延伸，說化為精衛的娃，因溺於東海而冤死異鄉，所以稱「冤禽」；又曾立誓不飲東海之水並平東海，所以又稱「志鳥」或「鳥市（市與誓同音，應是指誓鳥而言）。其又附會了「精衛偶海燕而生子，生雌如精衛，生雄如海燕」的說法。這是為後人不知精衛為何物，只好以出沒海上的海燕來指涉之。

對照於今日的鳥類，符合「精衛」件者應該是鸊鷉、穴鳥一類的海鳥與

。仔細區分，其中包括喜歡在長有蘆
或其他水生植物的湖泊與水塘中築造
巢的鷿鷈；築巢於海洋性島嶼岩面或
面的信天翁；築巢於島上洞穴和岩石
的穴鳥、水薙鳥與海燕；築巢於島上
叢中的鰹鳥與軍艦鳥，乃至鷺、鸛、
等水鳥，都有可能是精衛鳥。
如果從鳥類生態習性來分析這則神話
起源，應該是古人看到了上述這些鳥
在繁殖築巢時，用嘴銜或用腳抓了陸
的樹枝或蘆葦等築巢材料，一路橫渡
海飛往海外的島嶼築巢，有時則會因
銜不穩而使木石材料掉落海中。於是
人便發揮豐富的想像力，將這些鳥兒
行為與帝女的神話串連，而編造出
衛填海」的故事。
由於精衛力微而東海浩瀚，就算拚盡
生力氣，最後吐血落海身亡也難以填
東海，因此歷代文士詩人在提到精衛

時，都隱寓著「恨難平」的意涵，「精
衛填海」也就成了積冤深恨的代名詞。

除了本文所引岑參〈精衛〉之外，有
關精衛的唐詩，還可參考顧況〈龍宮操〉
「龍宮月明光參差，精衛銜石東飛時」、
王建〈精衛詞〉「精衛誰教爾填海，海
邊石子青磊磊」、李白〈寓言〉「區區精
衛鳥，銜木空哀吟」、李白〈江夏寄漢
陽輔錄事〉「西飛精衛鳥，東海何由
填」、韓愈〈學諸進士作精衛銜石填海〉
「口銜山石細，心望海波平」等。

左頁圖：在沼澤地帶築浮巢的小鷿鷈。
右頁上：正準備孵卵的小鷿鷈。
右頁下：正是蒼鷺水中銜枝走一類的動作，讓古人產
　　　　生填海的聯想。

【鳩占鵲巢

杜鵑暮春至，哀哀叫其間。

我見常再拜，重是古帝魂。

生子百鳥巢，百鳥不敢嗔。

仍為餧其子，禮若奉至尊。

　　　　————節錄杜甫〈杜鵑〉

早在《詩經》〈召南·鵲巢〉篇就已提到「維鵲有巢，維鳩居之」的現象。不過，根據現有的鳥類學知識來判斷，可知鳩指杜鵑（見26頁），而鵲則為雀之誤，係指鷦鶯與葦鶯等鶯科鳥類。在國外有關托卵的研究中，已發現大杜鵑會托卵於葦鶯的巢中，近日台灣也曾發現過杜鵑托卵於灰頭鷦鶯巢內的現象。

杜鵑是托卵鳥種的典型代表，不過並非全部的杜鵑科鳥類都有這種「失職」行為，在約一百二十七種杜鵑當中，近半數有托卵行為，其他種杜鵑也有自己營巢哺育的。一般來說，樹棲性的杜鵑不營巢，而是將卵直接產在雀形目鳥類的鳥巢中，由寄主代為哺育。杜鵑雛鳥在出生後還會攻擊巢主親生的其他雛鳥，直到占有巢位為止。

杜鵑這種托卵的行為，唐朝詩聖杜甫就曾經留意而下筆寫成〈杜鵑〉及〈杜鵑行〉，並由此而產生聯想，將杜鵑托卵行為與楚國望帝死後化為杜鵑的神話相結合，解釋說杜鵑「生子百鳥巢」其實是望帝化身的杜鵑鳥因為落難民間而無法照顧後代，只好代請「百鳥」（百姓）來照顧，所以「百鳥不敢嗔」

代爲哺育。這是以文學的想像來解釋
類的生態習性，雖未盡眞實，卻可看
詩人感性的一面。

文人對於托卵行爲多持批判角度，嚴
斥責杜鵑的賊性與無情。民國以來的
者如郭沫若〈杜鵑〉、梁實秋〈鳥〉
篇章都以人類的道德立場出發，用來
釋鳥類行爲，當然有失公允。從生態
度來看，杜鵑的托卵行爲是在「物競
擇」的定律下所發展出來的生態現
。如果妄加論罪，那麼肉食性動物的
食行爲就只能以殘暴來形容，而所有
食性動物就都具有仁性了？

另一方面，根據近代鳥類學的研究，
鳥占鵲巢」所指的兩種鳥類也可能是
隼及喜鵲、藍鵲、樹鵲等鴉科鳥類。
近學者觀察隼科鳥類的築巢習性時發
，紅隼、遊隼、燕隼、灰背隼、紅腳
由於不善營巢，在四月至六月的繁殖
間，爲了生育後代，常有占用其他鳥
舊巢或新巢的情形。例如，紅腳隼就
常強占喜鵲的巢爲家，而白腿小隼則
巢在啄木鳥廢棄的樹洞中，花鵰則常
用其他鷹類舊巢。營巢多樣化的紅隼
是個中代表，由觀察記錄得知，紅隼
占用鴉、鵲或小鷹類的舊巢、樹洞，

甚至是高樹上的大巢。

　一般來說，托卵者與原巢主所生的卵
除了大小稍異外，顏色多半相近，以達
到托卵寄育的效果。其實，只要是築巢
與生態習性相似的鳥類都可能會有這種
托卵寄育的行爲，例如鴨科鳥類也常將
蛋下在彼此的巢中，而啄洞爲巢的鳥種
中這種行爲更是普遍。因此，鳥類生活
中的托卵行爲與鳩占鵲巢的現象較之我
們所知曉的更爲普遍。

左頁圖：台灣藍鵲等鴉科鳥類的巢，與紅隼等猛禽類
　　　　的巢大小結構相近，所以常被紅隼占用。
右頁圖：紅隼是「鳩占鵲巢」的主角之一，占用的鳥
　　　　巢種類繁多。

【鳥鼠同穴鼠化鴽】

滿目悲生事，因人作遠遊。遲迴度隴怯，浩蕩及關愁。

水落魚龍夜，山空鳥鼠秋。西征問烽火，心折此淹留。

———— 杜甫〈秦州雜詩〉

唐詩中有數首詩鳥鼠並提，例如戎昱〈入劍門〉「鳥鼠無巢穴，兒童話別離」及鮑溶〈冬夜答客〉「豈唯親賓散，鳥鼠移巢窠」，究其原因，與古人「鳥鼠同穴」的說法有關。

《山海經》〈西山經〉云：「鳥鼠同穴之山，其上多白虎白玉。」鳥鼠同穴之處或在山嶺或在平地，並稱此山為「鳥鼠同穴山」或「鳥鼠山」。古籍中還進一步說到鳥鼠同穴中鳥與鼠的外形與顏色，一說鳥的形色似雀而稍大，頂出毛角，一說似鵽（音墮）而小，黃黑色，也有人說是白色或灰白色；鼠的形色則

如家鼠，但唇缺似兔，毛色是黃色。

從鳥類學的角度來檢驗「鳥鼠同穴」的傳說，可以發現這種現象並非古人穴來風。中國歷來學者的研究雖然眾紛紜，但絕大部分都承認鳥鼠同穴是有其事。明清之際的學者宋琬曾親眼睹了鳥鼠同穴，並將所見的鳥與鼠繪成圖；其後，徐松在《西域水道記》曾提及所見。自一八五○年開始，俄學者也開始了相關的田野調查，並陸有中國學者加入調查。自一八八七年一九六二年的調查結果，發現鳥鼠同或鳥類使用鼠類的棄穴來營巢的現象實存在，而相關的鳥種包括雪雀、鴉、沙鵰、角百靈及紅尾鴝等九種，們分別出現在黃鼠、旱獺、鼠兔等棲的洞穴或棄洞中生活和營巢。這些實且直接的觀察結果，證實了中國數千前就已經記載的古老發現。

鳥獸同穴生活，在非繁殖季時，鳥

用同一個洞穴中的不同場所來生活，從同一洞口先後出入；有時遇警時，可相互鳴叫警告。在繁殖季期間，上所說的鳥種會利用鼠類的棄洞來營，或者趕走原來的洞主，或者兩種動共同一部分來營巢，由不同洞口出，狹路相逢時偶爾還是會發生鬥。

除了鳥鼠同穴外，《禽經》還說羽物（即鳥類）會順應節令來變化形軀，並到「鳩化爲鷹」（見122頁），及另一有趣的現象「季春之月，田鼠化爲。」《汲冢周書》則指出鼠化爲駕的切時間是「清明又五日」。至於駕是種鳥類則說法不一，〈禽經〉云：彌東謂之鵪，蜀隴謂之循。在田得，鳴相呼，夜則群飛，畫則草伏。」爲駕爲鷦鶉，並點明這是種「畫伏夜」的鳥類。不過，明朝李時珍則以三月田鼠化爲駕，八月駕化爲田鼠」說法，指出鵪以卵生爲主，四時可，而駕鳥在季春之月由鼠化成，但季之月後會再化爲鼠，所以駕鳥是夏有無，明顯與鷦鶉有別。再根據《爾雅》鵪之名爲「鳩」，駕之名爲「鷻」，禽經》述及豢養駕鵪時，也是將二鳥列，均可證鵪及駕是不同的鳥兒。

其實，綜合古籍的記載，可以推斷出駕應爲夜鷹科的鳥類。夜鷹的羽色似枯葉，爲夜行性的中型鳥類，喜歡棲息在空曠平原或溪流畔的林緣地帶，常於晨昏之際外出活動，白天則隱於地面或樹枝上休息。夜鷹嘴短面大，有如兔唇，與鳥鼠同穴中所描述的鳥兒外形相似；加上黃褐色的羽色及築巢於地面等特點，乍看之下與在地上穿穴營巢的田鼠無異，所以古人才會有鼠化爲駕的錯覺。此外，夜鷹爲候鳥，春有冬無，這也解釋了「三月田鼠化爲駕，八月駕化爲田鼠」的現象。

至於傳言「鳥雄鼠雌，共爲陰陽」及「養子互相哺食，長大乃止」的現象，則是古人過度渲染及想像所致，才會產生這種難以理推的現象。

左頁圖：紅尾鴝一類的鳥兒會利用鼠、兔的棄巢。
右頁圖：紅尾鴝是鳥鼠同穴的主角之一。

【鳩化爲鷹

微霜纔結露，翔鳩初變鷹。

無乃天地意，使之行小懲。

鴟鴞誠可惡，蔽日有高鵬。

捨大以擒細，我心終不能。

　　　　　　　———元稹〈解秋〉

據古籍記載，鳥類會出現鳥種身形變化的現象，其中又以「鳩化爲鷹」爲最常見，如《禮記》〈月令〉云：「仲春之月，鷹化爲鳩。」

對於這種猛禽蛻變爲良禽的現象，古人的解釋是「以生育氣盛，故鷙鳥感之而變。」意思是說鷹隼這種猛禽因爲受到春日生生不息的大環境所感化，所以會在仲春三月時變身爲溫馴的鳩鳥。《大戴禮》〈夏小正〉也說這種現象是受到氣候影響使然，因此而有「正月，鷹則爲鳩。鷹也者，其殺之時也。鳩也者，非其殺之時也。善變而之仁也。」的解釋；反之，到了仲秋時節則出現「鳩化爲鷹」的現象，這是「變而之不仁」的徵兆。

《列子》也有類似的記載：「鷂之爲鸇，鸇之爲布穀，布穀久復爲鷂。」《淮南子》的記載亦同。古人將此現象均歸諸爲「順節令以變形」，而且「變形」的鳥種還有愈來愈多的趨勢。

當然，以我們目前對於鳥類的瞭解根本不可能出現這種不同鳥種互變身形的情形。不過，如果根據我們對鳥類的觀測結果，可以據此提出可能的解釋。

一揭開古人留下的謎團。

對於仲春「鷹化爲鳩」及仲秋「鳩始爲鷹」的說法，古人也曾提出質疑。爲若與《禮記》〈月令〉「季夏之月，乃學習」的觀察所得兩相對照，可以出兩種說法互相矛盾。若鷹在仲秋時化身爲鳩，那麼六月季夏就不可能看鷹。不過，古人並未再加以深究。至「鷹化爲鳩」的時間，《大戴禮》泛「正月，鷹則爲鳩。」而將鳩化爲鷹時間提前在五月。《汲冢周書》〈時解〉則進一步加以確認：「驚蟄又五，倉庚鳴；又五日，鷹化爲鳩。」

以現代鳥類學的角度來看「鷹化爲鳩」「鳩化爲鷹」的現象，大致可以得出個結論，那就是古人將羽色相近的不鳥類誤爲同一種而產生的錯覺。古籍所提到的「鳩」指的應該是杜鵑，杜科鳥類與鷲鷹科的鳥類羽色相近，其除了大中小三種杜鵑的灰色體色容易灰澤鵟、蒼鷹、雀鷹、赤腹鷹相混，及赤色型容易與紅隼相混之外，以「鵟」爲名的鷹鵑，與蒼鷹、雀鷹及松鷹不論在體色與體型上更是相似。

就時間點來說，春日天寒，鷲鷹科鳥的活動力，與秋季晴空猛禽候鳥的過

境南飛，在數量上當然有差異；而杜鵑鳥則多爲夏候鳥，出現時間多在春末夏初之時，兩科鳥類大量現身的時間正好錯開，因此古人才會誤以爲這兩科的鳥類會在春秋二季變化形軀與習性。以此觀點來檢驗古籍中曾經提及的所有會「變形」的鳥類，都是同理可證。

左頁圖：中杜鵑與鳳頭蒼鷹的體型相似。
右頁圖：鳳頭蒼鷹與中杜鵑的腹部羽色相似。

【學名索引

A

Accipitridae 鷲鷹科
　Accipiter trivirgatus 鳳頭蒼鷹 104-405
　Milvus migrans 老鷹 102-103
　Spilornis cheela 大冠鷲 58-59
Alaudidae 百靈科
　Alauda gulgula 雲雀 44-45
Alcedinidae 翡翠科
　Alcedo atthis 翠鳥 54-55
Anatidae 雁鴨科
　Aix galericulata 鴛鴦 66-67
　Anas platyrhynchos 綠頭鴨 64-65
　Anser cygnoides 鴻雁 79
　Anser domesticus 家鵝 78-79
　Anser fabalis 豆雁 42-43
　Aythya ferina 磯雁 52-53
　Aythya fuligula 澤鳧 106-107
　Cygnus columbianus 鵠 74-75
Ardeidae 鷺科
　Egretta garzetta 小白鷺 21

B-D

Bucerotidae 犀鳥科
　Buceros bicornis 雙角犀鳥 92-93
Ciconiidae 鸛科
　Ciconia boyciana 東方白鸛 114-115
Columbidae 鳩鴿科
　Columba livia 原鴿 83
　Columba livia domestica 家鴿 82-83
　Columba rupestris 岩鴿 83
　Streptopelia chinensis 珠頸斑鳩 50-51
　Streptopelia orientalis 金背鳩 83
Corvidae 鴉科
　Corvus macrorhynchos 巨嘴鴉 40-41
　Pica pica 喜鵲 84-85
　Urocissa caerulea 台灣藍鵲 32-33
Cuculidae 杜鵑科

　Curculus saturatus 中杜鵑／筒鳥 26-27
Dicrudidae 卷尾科
　Dicrurus macrocercus 大卷尾 86-87

F-H

Falconidae 隼科
　Falco tinnunculus 紅隼 34-35
Gruidae 鶴科
　Grus japonensis 丹頂鶴 91
Hirundinidae 燕科
　Hirundo rustica 家燕 62-63

L-M

Laniidae 伯勞科
　Lanius cristatus 紅尾伯勞 24-25
　Lanius schach 棕尾伯勞 25
Laridae 鷗科
　Larus crassirostris 黑尾鷗 29
Motacillidae 鶺鴒科
　Motacilla cinerea 灰鶺鴒 94-95
Muscicapidae 鶲科
　Terpsiphone paradisi 綬帶鳥（壽帶鳥）16-17

O-P

Oriolidae 黃鸝科
　Oriolus chinensis 黑枕黃鸝 48-49
Passeridae 麻雀科
　Passer montanus 麻雀 38-39
Pelecanidae 鵜鶘科
　Pelecanus philippensis 灰鵜鶘 80-81
Phalacrocoracidae 鸕鷀科
　Phalacrocorax carbo 鸕鷀 110-111
Phasianidae 雉科
　Arborophila crudigularis 深山竹雞／台灣山鷓鴣 96-97
　Coturnix chinensis 小鵪鶉 30-31
　Gallus gallus 原雞 76-77

　Lophura nycthemera 白鷴 18-19
　Pavo muticus 綠孔雀 12-13
　Phasianus colchicus 環頸雉 56-57
Picidae 啄木鳥科
　Picoides canicapillus 小啄木 36-37
Podicipedidae 鷿鷉科
　Tachybaptus ruficollis 小鷿鷉 108-109
Psittacidae 鸚鵡科
　Psittacula krameri 紅領綠鸚武 113
Pycnonotidae 鵯科
　Hypsipetes madagascariensis 嘴黑鵯 14-15

S

Scolopacidae 鷸科
　Philomachus pugnax 流蘇鷸 98-99
Strigidae 鴟鴞科
　Glaucidium brodiei 鵂鶹 70-7
Struthionidae 鴕鳥科
　Struthio camelus 鴕鳥 60-61
Sturnidae 八哥科／椋鳥科
　Acridotheres grandis 林八哥 68-69
　Gracula religiosa 鷯哥 22-23
Sylviidae 鶯科
　Prinia flaviventris 灰頭鷦鶯 100-101

T-Z

Timaliidae 畫眉科
　Pomatorhinus ruficollis 小彎嘴畫眉 88-89
Upupidae 戴勝科
　Upupa epops 戴勝 72-73
Zosteropidae 繡眼鳥科
　Zosterops japonica 綠繡眼 46-47

中文索引

註：黑體字為唐詩鳥類古名。

圖片提供
22頁，張凱先生；52頁
主圖，王嘉雄先生；52
頁左上圖，林勝惠先
生；106頁主圖，林勝
惠先生；106頁左上
圖，王嘉雄先生。

唐詩鳥類圖鑑

作者　韓學宏

攝影　楊東峰

審定　袁孝維（台灣大學森林系副教授）

主編　謝宜英

特約執行編輯　莊雪珠

封面設計／扉頁繪製　鍾燕貞

美術編輯　謝宜欣

校對　韓學宏　莊雪珠　謝宜英

行銷企畫　黃文慧　馬大文

出版者　貓頭鷹出版

發行人　蘇拾平

發行　城邦文化事業股份有限公司

連絡地址　（100）台北市愛國東路100號

讀者服務專線：(02) 2397-9853　傳眞：(02) 2391-9882

郵撥帳號 18966004　城邦文化事業股份有限公司

http://www.cite.com.tw

香港發行所　城邦（香港）出版集團

電話：852-25086231　傳眞：852-25789337

馬新發行所　城邦（馬新）出版集團

電話：603-9056-3833　傳眞：603-9056-2833

印刷　成陽彩色製版印刷股份有限公司

初版　2003年4月

定價　新台幣350元

ISBN　986-7879-39-2

有著作權・翻印必究

國家圖書館出版品預行編目資料

唐詩鳥類圖鑑 ／ 韓學宏著；楊東峰攝影. --
　初版. -- 臺北市：貓頭鷹出版：城邦文化
　發行, 2003〔民92〕
　　面；　公分 --（文學珍藏）
　含索引
　ISBN　986-7879-39-2(精裝)

　1.中國詩 -- 歷史 -- 唐(618-907)　2.中國詩
-- 評論　3.鳥 -- 圖錄

820.9104　　　　　　　　　　　　　92002977